U0181227

国家出版基金资助项目

"十三五"国家重点出版物出版规划项目

现代土木工程精品系列图书·建筑工程安全与质量保障系列

预应力胶合木张弦梁受弯性能研究

Experimental Study on Flexual Behavior of Prestressed Glulam Beam String Structure

郭 楠 左宏亮 著

哈尔滨工业大學出版社
HARBIN INSTITUTE OF TECHNOLOGY PRESS

内 容 提 要

木结构房屋具有绿色环保、性能优异的特点,具备可持续发展的条件,与国家节能减排的基本国策、可持续发展的战略高度吻合。为了充分利用材料强度,推动木结构向大跨度发展,本书提出了一种对胶合木施加预应力的装置——丝扣拧张横向张拉装置,进而形成在使用过程中可调控的预应力胶合木张弦梁。通过对胶合木棱柱体试块的受压性能试验,得到胶合木的基本材料性能;通过对预应力胶合木张弦梁进行短期和长期试验,研究预应力值和预应力筋数量对胶合竹木梁受力性能和破坏形态的影响,得到蠕变规律;然后在此基础上进行优化和有限元分析,初步给出了此类构件的设计方法。

本书可供结构工程专业的学者和研究生,以及从事相关行业的工程技术人员参考。

图书在版编目(CIP)数据

预应力胶合木张弦梁受弯性能研究/郭楠,
左宏亮著. —哈尔滨:哈尔滨工业大学出版社,2021.3
建筑工程安全与质量保障系列
ISBN 978 - 7 - 5603 - 7100 - 9

Ⅰ.①预⋯ Ⅱ.①郭⋯ ②左⋯ Ⅲ.①胶合木结构-预应力
混凝土-钢筋混凝土板梁-研究 Ⅳ.①TU375.1

中国版本图书馆 CIP 数据核字(2017)第 293401 号

策划编辑 王桂芝 李子江
责任编辑 李长波 孙 迪 谢晓彤
出版发行 哈尔滨工业大学出版社
社 址 哈尔滨市南岗区复华四道街 10 号 邮编 150006
传 真 0451—86414749
网 址 http://hitpress.hit.edu.cn
印 刷 辽宁新华印务有限公司
开 本 787mm×1092mm 1/16 印张 12.5 字数 296 千字
版 次 2021 年 3 月第 1 版 2021 年 3 月第 1 次印刷
书 号 ISBN 978 - 7 - 5603 - 7100 - 9
定 价 78.00 元

国家出版基金资助项目

建筑工程安全与质量保障系列

编 审 委 员 会

序

党的十八大报告曾强调"加强防灾减灾体系建设,提高气象、地质、地震灾害防御能力",这表明党和政府高度重视基础设施和建筑工程的防灾减灾工作。而《国家新型城镇化规划(2014—2020年)》的发布,标志着我国城镇化建设已进入新的历史阶段;习近平主席提出的"一带一路"倡议,更是为世界打开了广阔的"筑梦空间"。不论是国家"新型城镇化"建设,还是"一带一路"伟大构想的实施,都迫切需要实现基础设施的建设安全与质量保障。

哈尔滨工业大学出版社出版的《建筑工程安全与质量保障系列》图书是依托哈尔滨工业大学土木工程学科在与建筑安全紧密相关的几大关键领域——高性能结构、地震工程与工程抗震、火灾科学与工程抗火、环境作用与工程耐久性等取得的多项引领学科发展的标志性成果,以地震动特征与地震作用计算、场地评价和工程选址、火灾作用与损伤分析、环境作用与腐蚀分析为关键,以新材料/新体系研发、新理论/新方法创新为抓手,为实现建筑工程安全、保障建筑工程质量打造的一批具有国际一流水平的学术著作,具有原创性、先进性、实用性和前瞻性。该系列图书的出版将有利于推动科技成果的转化及推广应用,引领行业技术进步,服务经济建设,为"一带一路"和"新型城镇化"建设提供技术支持与质量保障,促进我国土木工程学科的科学发展。

该系列图书具有以下两个显著特点:

(1)面向国际学术前沿,基础创新成果突出。

哈尔滨工业大学土木工程学科面向学术前沿,解决了多概率抗震设防水平决策等重大科学问题,在基础理论研究方面取得多项重大突破,相关成果获国家科技进步一、二等奖共9项。该系列图书中《黑龙江省建筑工程抗震性态设计规范》《岩土工程监测》《岩土地震工程》《土木工程地质与选址》《强地震动特征与抗震设计谱》《活性粉末混凝土结构》《混凝土早期性能与评价方法》等,均是基于相关的国家自然科学基金项目撰写而成,为推动和引领学科发展、建设安全可靠的建筑工程提供了设计依据和技术支撑。

(2)面向国家重大需求,工程应用特色鲜明。

哈尔滨工业大学土木工程学科传承和发展了大跨空间结构、组合结构、轻型钢结构、预应力及砌体结构等优势方向,坚持结构理论创新与重大工程实践紧密结合,有效地支撑了国家大科学工程 500 m 口径巨型射电望远镜(FAST)、2008 年北京奥运会主场馆国家体育场(鸟巢)、深圳大运会体育场馆等工程建设,相关成果获国家科技进步二等奖 5 项。该系列图书中《巨型射电望远镜结构设计》《钢筋混凝土电化学研究》《火灾后混凝土结构鉴定与加固修复》《高层建筑钢结构》《基于 OpenSees 的钢筋混凝土结构非线性分析》等,不仅为该领域工程建设提供了技术支持,也为工程质量监测与控制提供了保障。

  该系列图书的作者在科研方面取得了卓越的成就,在学术著作撰写方面具有丰富的经验,他们治学严谨,学术水平高,有效地保证了图书的原创性、先进性和科学性。他们撰写的该系列图书,反映了哈尔滨工业大学土木工程学科近年来取得的具有自主知识产权、处于国际先进水平的多项原创性科研成果,对促进学科发展、科技成果转化意义重大。

中国工程院院士

2019 年 8 月

前 言

木结构房屋具有绿色环保、性能优异的特点，具备可持续发展的条件，与国家节能减排的基本国策、可持续发展的战略高度吻合。沿木材顺纹方向叠层胶合而成的胶合木，具备材料缺陷分散、强度高、可加工成各种形状等优点，在现代木结构中得到了广泛应用。但传统的胶合木梁在受弯时常因梁底木材的抗拉强度不足而发生脆性破坏，此时，梁顶木材的抗压强度尚未被充分利用。另外，胶合木的弹性模量较小且在长期荷载作用下产生蠕变，设计中常由变形控制，不利于材料强度的充分利用。

为了充分利用材料强度，推动木结构向大跨度发展，本书提出了一种对胶合木施加预应力的装置——丝扣拧张横向张拉装置，进而形成使用过程中可调控的预应力胶合木张弦梁，通过试验研究和有限元分析对其短期和长期受力性能进行了研究，并初步给出了此类构件的设计方法。

本书共分9章：第1章为绪论；第2章为胶合木棱柱体试块受压性能试验研究；第3章为基于选材的预应力胶合木张弦梁受弯试验研究；第4章为胶合木张弦梁短期受弯性能试验研究；第5章为胶合木张弦梁短期受弯性能有限元分析；第6章为预应力胶合木张弦梁长期受弯性能试验研究；第7章为基于蠕变影响的预应力胶合木张弦梁短期加载试验；第8章为张弦及加载方式优化研究；第9章为力臂对梁的受弯性能影响研究。其中第1~3章及第8章由左宏亮撰写，其他章节由郭楠撰写。

2011年作者及其团队开始从事预应力木结构方面的研究工作，刘晚成老师提出了大量宝贵意见，研究生王东岳、赵婷婷、杨颖伟、王云鹤、刘秀侠、贺铁、张平阳等在预应力胶合木张弦梁方面做了大量具体的研究工作，研究生姜海新进行了本书的整理、插图绘制等工作。各位同仁的技术文献为我们的研究开阔了视野，启发了思路，提供了参考，在此一并感谢！

本书的相关工作得到了国家自然科学基金青年基金（51208083）、黑龙江省自然科学基金面上项目（E201402）、国家林业局林业科学技术研究项目（2014-04）、住房和城乡建设部研究开发项目（K2201391）、中央高校基本科研业务费专项资金项目（DL12BB06）等的资助。

在本书截稿之时，预应力胶合木张弦梁的后续研究工作仍在继续，推广工作也任重道远，作为相对较为完整的阶段性研究成果，本书独立成篇，但书中疏漏及不足之处在所难免，恳请各位读者批评指正。

作 者
2020年10月

目　　录

第1章 绪 论

1.1 研究背景及意义

在我国,木结构建筑拥有辉煌的历史[1-4],一些数百年甚至上千年的古代木结构建筑至今仍然巍然屹立在祖国的大江南北,比如山西的佛光寺正殿、应县木塔和悬空寺,苏州园林,杭州雷峰塔和北京故宫古建筑群等(图1.1~1.2)。这些古代木结构建筑技术高超,寓意深刻,是中华文明的宝贵财富。

图 1.1 应县木塔

新中国成立初期,一方面,由于大规模建设,森林被过量砍伐,在重采轻植、毁林造田等思想的影响下,木材资源几乎消耗殆尽;另一方面,一些传统观念造成我们对木结构有一定误解,例如木结构抗震性能差、耐久性欠佳、不抗火等,以至于在20世纪70年代末期到21世纪初的20余年里,木结构房屋的建设几乎停止,木结构技术停滞不前[5-8]。

其实,木结构房屋是一种绿色、环保、可持续发展的结构体系。木结构房屋由于节能、环保、安全、宜居等特点受到了全世界人民的青睐。在欧美等国家,绝大多数的住宅、一半以上的低层商业建筑和公共建筑都采用木结构[9-11],如图1.3所示,其中左图为轻型木结构别墅,右图为采用木拱梁的加拿大冬奥会速滑馆。木材是天然可再生资源,而且在其生

图 1.2　北京故宫和悬空寺

长过程中能够释放氧气,改善环境。木结构房屋保温性好,具有节能减排的特点[12-23]。据统计,如果用木结构代替混凝土结构,在建造阶段可节省 45.24% 的能源和 46.17% 的水;在使用阶段可节省 10.92% 的电能。此外,相比于钢材和混凝土,木材制品废弃后更易处理,可作为燃料,也可以作为人造板或纸张原料等进行循环利用[24-32];而且木材导热慢,碳化层隔热,抗火性好,与钢材相比高温强度退化更慢,如图 1.4 所示。由此可见,木结构房屋是一种绿色、低碳环保、可持续发展的结构体系[33-35],它符合国家节能减排战略和绿色建筑产业化政策,是极具发展潜力的建筑形式。

图 1.3　国外木结构建筑

近年来,随着国家实施退耕还林、大力种植速生林和适当进口木材,木结构已经开始复苏,而且在大力发展绿色建筑和可持续发展经济的宏观背景下,木材的可再生性,木结构房屋节能减排的特点,它本身所具有的亲和力,在抗震方面的突出表现,以及抗火性能的不断提高[36-49],给木结构带来了新的发展机遇[50-58]。在我国木结构伟大复兴的历史进程中,还有很多问题需要研究和解决,比如劣材优用、木结构建筑高层化,以及形成以木材为主的新型组合结构等方面。所以,目前我国木结构正处于发展关键期,挑战与机遇并存。

在现代木结构中,胶合木由于材料缺陷分散、强度高而得以广泛应用。以厚度不大于 45 mm 的胶合木层板沿顺纹方向叠层胶合而成的木制品称为层板胶合木,也称胶合木或结构用集成材,如图 1.5 所示。承重构件主要采用胶合木制作的建筑结构称为胶合木结构。

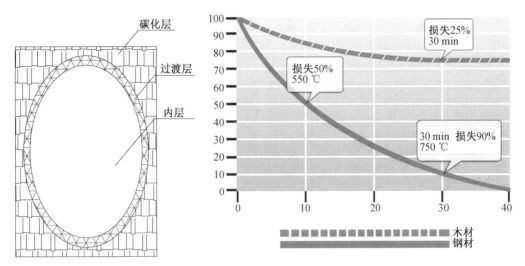

图 1.4 木材碳化与高温强度退化

图 1.5 胶合木(国产层板胶合木)

胶合木的优点主要体现在以下几个方面:① 胶合以后,能将木材的缺陷消除或者均匀分散在构件的各个位置,以获得较小的变异性和较高的可靠度,从而提高材料的可用强度;② 可按构件各部位不同的应力,配置不同等级的木材,从而充分利用木材强度;③ 构件长度和截面尺寸不受天然尺寸限制,如图 1.6 所示,左图为明长陵祾恩殿,它和故宫太和殿同为国内最大的木结构建筑,面阔九间 66.56 m,进深五间 29.12 m,右图为殿中金丝楠梁、柱,殿中央四根柱子用整根的金丝楠木制作,直径为 1.17 m,高 13 m,绝无仅有;④ 胶合木构件能设计成受力合理的各种截面形式,如工字形截面、箱形截面等(图 1.7);⑤ 胶合木构件能按建筑师的要求设计成各种曲线形的构件,这些构件不仅造型美观,而且受力合理,国外木结构三铰拱和胶合木曲梁如图 1.8 所示[59-64]。由于胶合木具有上述突出优点,所以在现代木结构中,尤其是受弯构件中,得到了广泛应用,国外胶合木楼盖系统和木拱梁如图 1.9 所示。

尽管胶合木具有许多突出优势,前人也对其进行了大量有价值的研究,但是非预应力胶合木梁(普通胶合木梁)还存在很多问题,例如具有较低的抗拉强度和显著的蠕变变形。较低的抗拉强度使得材料抗压强度未得到充分利用,经济性难以保障,显著的蠕变变形将

图 1.6　明长陵祾恩殿

图 1.7　胶合成合理的截面形状

图 1.8　国外木结构三铰拱和胶合木曲梁

会影响梁的正常使用。非预应力胶合木梁主要存在如下问题。

(1)非预应力胶合木梁受弯呈脆性受拉破坏,木材抗压强度未充分发挥。

胶合木梁受弯时,首先在受拉边缺陷位置出现裂缝,随着挠度增大,一旦最外层木材纤维拉断,试件会因为横纹受拉引起纵向的破裂而导致整个构件在瞬间破坏,破坏过程呈脆性[6]。并且受弯时,胶合木梁受拉边缘纤维的极限拉应变一般在 0.006 左右,且随着试件尺寸的增大而减小;试件破坏时,木材的最大压应变基本上不超过 0.009,而其极限压应变一般在 0.012 左右。因此非预应力胶合木梁中,木材的抗压强度并未充分发挥。

图 1.9　国外胶合木楼盖系统和木拱梁

（2）非预应力胶合木梁变形较大。

木材的弹性模量相对较低，非预应力胶合木梁受弯时会产生较大的挠度，而且蠕变会使胶合木梁的长期挠度进一步增大[58,65-66]，影响使用。实际工程中，很多胶合木梁的截面由变形控制，材料强度没有得到充分利用。

（3）目前对胶合木梁施加预应力的方法较复杂，不易推广。

现阶段对预应力胶合木梁施加预应力的方法包括预弯法[67]、穿丝张拉法[68]、端部张弦法[69]和腹杆伸长法等，这些方法虽然行之有效，但也存在一些问题。预弯法施工工艺简单，但此种方法所建立的最大预应力较小，更适合加固改造工程；穿丝张拉法的预应力筋线型受到限制，并且在木梁端部及钢筋反弯点处容易出现局压问题；端部张弦法在两木梁中间进行张弦，通过滚轮控制预应力筋线型，从而形成一种组合结构，受力合理，但施加预应力需要专门设备，施工不便且不能在日后进行调节，此外，如果施加的预应力较大，滚轮处抗剪也存在隐患，需采取构造措施；腹杆伸长法能在腹杆位置产生集中力，形成受力合理的组合结构体系，但腹杆外露会影响梁的外观，梁高也增大较多。以上所述施加预应力的方法比较复杂，不宜推广，而且不能在使用过程中随时调控。

（4）未对我国常用木材进行系统比较。

由于学科设置等方面的原因，以往对木材材性的研究多集中于清材小样，直接进行梁试验的较少；近年来进行的胶合木梁试验又主要从结构角度进行评判，忽略了胶合木的选材问题。木材的种类、层板厚度以及组坯方式都会对胶合木梁的受力性能和破坏形态产生影响，对我国常用木材的受力性能做系统比较的研究有利于高值利用速生林和人工林资源，推动林业和相关产业发展。

针对普通胶合木存在的以上问题，作者提出了预应力胶合木张弦梁，即使用丝扣拧张横向张拉的预应力施加方法对胶合木梁施加预应力，使梁受力分配满足由预应力筋承担拉力、胶合木承担压力的条件。

《国家中长期科学和技术发展规划纲要（2006—2020 年）》第 4 项 20 条指出，"要重点研究开发高效、低成本、大规模农林生物质的培育、收集与转化关键技术"。预应力胶合木张弦梁的研究、示范与推广属于对我国农林生物质材料的高效利用，与中华人民共和国国家发展和改革委员会（简称国家发展改革委）、住房和城乡建设部（简称住建部）大力提倡的《绿色建筑行动方案》精神相吻合。由预应力胶合木张弦梁建造的木结构房屋,不仅低碳环保,能够可持续发展,而且利润大、附加价值高,能够引导建筑行业和木材相关行业向高效、健康的方向发展。

综上,研究预应力胶合木张弦梁的受力性能和设计方法对推进预应力木结构的发展具有重要的社会经济价值和学术价值。

1.2　相关领域的研究现状

1.2.1　非预应力胶合木梁受力性能研究

对非预应力胶合木梁受力性能的研究主要体现在用新型材料加强胶合木方面。南京工业大学的刘伟庆、杨会峰以江苏速生意杨为原材料加工了 31 根工程木梁,包括层板胶合木和旋切板胶合木等,提出了几种新型的构件截面形式,并对这些工程木梁模型试件进行了弯曲性能的试验研究,分析了工程木梁的破坏形态和破坏机理,探讨了其极限荷载和抗弯刚度等弯曲性能,并对构件性能进行了对比,最后分析了影响工程木梁结构性能的各种因素。结果表明,工程木梁的结构性能远远超出了建筑中常用锯材梁的结构性能;构件横截面平均应变基本上呈线性分布;层板组合方式及构件尺寸大小对构件的结构性能影响较大[65]。A. S. Ribeiro 和 A. M. P. De Jesus 等人提出了两种加强胶合木的方法,一种是通过玻璃纤维与胶合木形成组合层板,另一种是将玻璃纤维板粘在胶合木下面,通过三点静力加载弯曲试验,得到了荷载—变形曲线、等效模量、极限荷载及断裂模数,并与传统胶合木梁进行对比,评价了新型加强胶合木梁的受力性能,结果表明其承载力和延性有很大提高[66];法国里昂第一大学的 E. Ferrier 和加拿大舍布鲁克大学的 P. Labossière 等人研究了 FRP—高性能混凝土混合胶合木梁的受弯性能,通过试验模型和有限元模型比较了两者的荷载—位移和弯矩—曲率的关系,有限元模型很好地模拟了这种混合胶合木梁,得出这种梁的刚度减小,但承载力明显增大[70]的结论,此后他们通过理论分析和有限元分析,进一步研究了这种组合梁的抗弯性能[71]。意大利米兰理工大学的 G. Fava 和 V. Carvelli 等人研究了 FRP 片材在胶合木中的应用及 FRP 增强胶合木的黏结特性,并分析了黏结长度、增强纤维类型和粘贴在胶合木表面 FRP 中的纤维方向对黏结特性的影响,结果表明:胶合木一般在 FRP 片材黏结表面或胶合木黏结表面发生破坏,当黏结长度为 15 cm 时,绝大多数胶合木模型是在 FRP 片材表面发生突然破坏[72]。澳大利亚南昆士兰大学的 A. C. Manalo 和 T. Aravinthan 等人用纤维材料和木材层板形成组合夹层,制成胶合夹心梁,对比了组合夹层数量、放置方式对强度、抗弯刚度和破坏形态的影响,结果表明:与平放的夹心梁相比,侧放胶合夹心梁的弯曲强度提高 25%,但抗弯刚度降低 7%;随着组合夹层数量的增多,平放夹心梁的抗弯刚度收敛于侧放的夹心梁[73]。黎巴嫩美国大学的 C. A. Issa 和 Z. Kmeid 进行了钢板加固、碳纤维加固及未加固的胶合木梁的对比试验,结果表明:加固后,梁的破坏形态由脆性破坏变为延性破坏,并且承载能力大为提高[74];澳大利亚新南威尔士大学的 N. Khorsandnia 和 H. Valipour 等人提出了基于结构有限元分析的力学模型,分析了由两层和三层不同材料组成的木—混凝土、木—木结构的极限荷载和变形,对比了试验和力学模型分析的结果,验证了该模型的准确性[75];东北林业大学的程芳超和胡英成通过无损检测,研究了速生杨木 FRP 增强胶合木的弹性模量,并与普通胶合木进行对比,分析了 FRP 长度对弹性模量的影响,结果表明:速生杨木 FRP 增强胶合木的弹性模量随着 FRP 长度的增加而增加[76]。在理论研究方面,芬兰 VTT 技术研究中心的 T. Toratti 和布鲁亚尔那大学的 S. Schnabl 以实际工程中的胶合木梁为例,分析了雪荷载、材料强度和防火设计等因素对胶合木梁失效概率的影响,结果表明:当胶合木梁的强度变化在 15% 以内,其对胶合木梁的失效概率影响不大;在防火设计中,若要求的最小耐火时间为 60 min,则不符合欧洲设计规范,此时需要加大胶合木梁截面[77]。

以上针对未施加预应力的胶合木梁所进行的研究,从研究内容、加载方式以及所考虑的影响因素等方面为本书的研究提供了参考,同时可以作为本书研究的对比材料。

1.2.2 预应力胶合木梁受力性能研究

为了改善非预应力胶合木梁的受弯性能,充分利用材料,增大胶合木梁的跨度,国内外学者提出了对普通木梁和胶合木梁施加预应力的想法,并进行了相应的研究,其中主要包括通过张拉预应力筋施加预应力和张拉纤维材料施加预应力等。

在张拉预应力筋施加预应力方面,哈尔滨工业大学的张济梅和潘景龙等人提出了一种对木梁进行张弦的预应力施加方法,并通过 1:2 的模型试验证实了此种构件比普通木梁在刚度上有较大的提高,给出了张弦木梁的挠度计算方法并分析了影响刚度的因素。初步试验和有关的理论分析表明了张弦木梁通过钢弦的预拉力使其反拱,木梁与钢弦的共同工作可提高它的抗弯刚度,从而使梁的总变形满足现行设计规范的要求,张弦木梁的刚度与钢弦的预拉力大小无关,保证了张弦木梁持久的工作能力[69]。此后,他们在张弦木梁变形性能试验及理论分析的基础上用有限元法对其变形及影响因素进行了分析。结果表明:在线弹性阶段,有限元变参数分析得出的结果与试验及理论公式分析的结果吻合,得到各因素对张弦木梁变形影响的结果能够满足分析所需要的精确要求;增大钢弦直径、采用折线型钢弦、减小钢弦弯起点至支座的距离和增大截面中心至钢弦锚固点的距离能够提高张弦木梁的刚度[78]。张济梅和潘景龙等人又进行了预应力损失观测试验,定量分析木材蠕变对预应力损失的影响,并给出试验期间预应力损失后张弦木梁挠度计算公式,经计算,木材蠕变使反拱增大的挠度大于木材蠕变引起预应力损失使反拱减小的挠度,但考虑锚固端木梁局部蠕变,其预应力损失造成较大的反拱损失,导致预拱不断降低[79]。意大利的巴斯利卡塔大学的 V. De Luca 和 C. Marano 提出了一种在胶合木上、下表面开槽,放入钢筋后灌树脂胶形成的组合梁,通过拧紧下部钢筋端部的螺帽来施加预应力,对胶合木梁、配筋胶合木梁以及配筋并施加预应力的胶合木梁进行对比试验,结果表明:配置钢筋后,梁的强度、刚度和延性都显著提高,施加预应力能使梁的刚度和延性进一步提高[80]。兰州工业大学的狄生奎和宋蛟等人通过试验研究提出了预应力木结构的概念,分析了其受力特性及破坏特点,并在此基础上提出了预应力木梁强度设计方法以及挠度的计算步骤;与普通木梁相比,在相同设计强度条件下,挠度可减小约 1/3,在挠度值等于 $L/200$ 的条件下,承载力可提高近 4 倍[81,82]。此后宋或和林厚秦等人采用小比例试件对组合预应力木结构进行了试验研究,就结构的抗弯能力和挠度变化等特点做了对比分析,预应力木梁与普通木梁在等挠度条件下比较,其结构承载能力提高,在等荷载条件下比较,其结构挠度减小,组合预应力木结构与普通木结构相比有显著的优越性[68]。

在张拉纤维材料施加预应力方面,上海交通大学的王锋和王增春等人开展了预应力纤维材料加固木梁的试验研究,提出了一种预应力施加方法——预弯法。他们通过理论分析给出了基于平截面假定的计算方法,并介绍了预弯预应力 CFRP 加固补强施工方法、原理、施工流程和技术要点以及采用该方法加固的木梁抗弯性能试验和工程应用,试验表明:该方法能够较大地提高木梁的抗弯承载力和抗弯刚度,具有良好的实际应用前景[67,83,84];英国布莱顿大学的 Guan Z W 和 P. D. Rodd 等人对玻璃纤维加固的胶合木梁进行了有限元分析,研究了梁高、梁跨以及预应力大小对其抗弯性能的影响,得出在工程中对胶合木梁施加预应力时,施加预应力不超过预应力筋极限抗拉强度的 60% 的结论[85]。此外,B. Anshari 和 Guan Z W 等人提出了一种在胶合木梁上部 1/3 范围开矩形凹槽,并将干燥的压缩木块放入其中,利用木材的湿涨特性来施加预应力的方法,通过这种方法得到的梁虽然强度提高不大,但刚度提高明显[86]。

此外,国内外学者还对非预应力胶合木梁和预应力胶合木梁进行了对比研究,意大利的巴斯利卡塔大学的 V. De Luca 和英国贝尔法斯特皇后大学的 E. McConnell 通过四点弯曲试验研究了非预应力胶合木梁、增强胶合木梁、预应力胶合木梁的受弯性能,并对其刚度和承载力进行了对比分析,给出各种施加预应力方式的胶合木梁,在承载力和刚度方面相对于非预应力胶合木梁的提高幅度[68,67,80-87];南京工业大学的林诚和杨会峰等人对 21 根胶合木梁的受弯性能进行了试验研究,其中包括螺纹钢筋增强、预应力胶合木梁和未增强胶合木梁,分析了构件的破坏形态与破坏机理,对比了不同构件的极限荷载和抗弯刚度,结果表明:增强或预应力构件的破坏形态主要表现为受压区屈服破坏;相比未增强胶合木梁,非预应力钢筋增强胶合木梁的受弯极限承载能力提高了 14%,预应力增强胶合木梁提高了 19% ~50%[88];A. S. Ribeiro 和 A. M. P. De Jesus 等人通过三点静载试验,对比了非预应力胶合木梁、玻璃纤维增强胶合木梁和对受拉区施加预压力的胶合木梁的抗弯承载能力,分析结果显示,对传统胶合木梁进行加强可明显提高木梁的承载力和延性[66]。

以上针对预应力胶合木梁的研究,为了解预应力对胶合木梁受力、变形性能及破坏形态的影响提供了参考。但上述研究中施加预应力的方式略显复杂,不宜推广,而且也无法实现使用过程中的随时调控。

1.2.3 基于蠕变的胶合木梁长期工作性能研究

蠕变是木材的重要特性,它是木材黏弹性的一种表现形式,在持续不变的应力下,应变会随时间的延长而逐渐增加。木材的蠕变涉及木结构的使用和安全性,是研究木结构不可回避的问题。

对木材蠕变的研究可以追溯到 200 多年前,以 L. G. Booth 取得荷载持续时间对强度影响的证据为标志;国外学者对木材的流变学研究始于 20 世纪 40 年代,从 1947 年加拿大学者 S. D. Madison 提出"纸张流变学"开始,之后的研究内容主要集中在应力水平、树种、荷载模式、温度、相对湿度、重复荷载等因素对木材蠕变的影响方面[89-93],著名的 Madison 曲线[94,95]也在这期间被提出。此外,通过对木材蠕变试验数据进行总结,D. G. Hunt 提出了用短期蠕变试验数据来预测木材长期蠕变的方法,这种方法可以从短时间内的少量试验数据来外推木材的长期蠕变[96]。

在对木材构件蠕变的研究方面总结现有的研究资料得出,基于试验的可行性,大多数都是通过对简支梁的弯曲蠕变试验来进行的。A. Ranta-Maunus 等人通过在自然环境、低应力水平下对 LVL、胶合木、云杉和工字梁等构件进行 8 年的弯曲蠕变试验,得到了构件在低应力水平下蠕变与应力成正比的结论,以及相对蠕变曲线[97]。P. E. Nur Yazdani 等人通过足尺模型试验研究了在自然环境条件下 16 根 T 形截面 LVL 简支梁的弯曲蠕变变形,在持荷 895 天后卸载,然后又持续观测了 90 天。试验验证了"Burger 模型"可以用来模拟弯曲变形,并通过试验获得了"Burger 模型"的参数[98]。Wang Xueliang、M. Yahyaei-Moayyed 和陆伟东等人研究了不同纤维材料加固后胶合木梁蠕变特性,并从这个角度评价了加固效果[99-103]。

以上针对基于蠕变的胶合木梁长期工作性能的研究得到了相对蠕变曲线,提出了可靠的试验模型,但预应力梁的受力更为复杂,影响蠕变的因素也更多,因此有必要进行预应力胶合木张弦梁的长期试验。

1.3　本书开展的主要工作

针对非预应力胶合木梁存在的上述问题,为了充分发挥胶合木的抗压强度,减小梁的变形,改善梁的破坏形态,本书提出了一种全新的钢木组合构件,即预应力胶合木张弦梁,并主要开展了下面的工作。

(1)胶合木棱柱体试块受压性能试验研究。为全面反映层板缺陷和黏合质量因素对层板胶合木顺纹受压性能的影响,以及避免端部局压和试验机横向约束等不利因素,设计了一种用于测量顺纹抗压强度的胶合木棱柱体试块。为更加准确地测量胶合木棱柱体受压试块的弹性变形,还研制了一种双侧对夹长刀口引伸计。在尽可能利用我国速生林资源的基础上选择合适的木材和胶黏剂制成胶合木棱柱体受压试块进行模型试验,通过对比 4 批次 17 组 102 个试块的顺纹受压试验,研究了树种类别、树种组合、层板厚度和组坯方式对胶合木顺纹受压性能的影响。研究结果表明,胶合木棱柱体试块顺纹受压试验的荷载—变形曲线呈缓慢下降趋势,表现出良好的塑性特征;破坏模式主要有端部局压破坏、斜剪破坏、胶合面开裂破坏、劈裂破坏和内部纤维挤压破坏等;常用国产木材东北落叶松和杨木制成的胶合木试块的受压性能明显好于其他木材;不同树种组合具有一定的可能性;层板厚度和组坯方式对受压性能的影响不大。上述研究为选择和制作胶合木构件提供了参考。

(2)基于选材的预应力胶合木张弦梁受弯试验研究。采用自行研发的螺杆顶升张拉的预应力施加装置制成预应力胶合木张弦梁,通过 3 组 9 根梁的受弯试验进一步研究了树种类别、层板厚度和组坯方式对预应力胶合木张弦梁受弯性能的影响。与 Ⅱc 级 SPF 木材相比,东北落叶松制成的预应力胶合木张弦梁具有较高的抗弯承载能力,其极限荷载及抗弯刚度分别提高 86.18% 和 69.48%，跨中挠度减小 14.93%；组坯方式对梁影响不大，间隔布置效果相对较好。根据棱柱体试块顺纹受压试验和梁的受弯试验结果选择层板厚度为 20 mm 的东北落叶松作为预应力胶合木张弦梁的选材。

（3）胶合木和预应力钢丝的基本材性试验。试验后，在对试验数据进行分析时需要用到胶合木的相关力学参数以及预应力钢丝的抗拉强度、弹性模量等相关力学参数，因此，首先对胶合木棱柱体试块进行受压试验，对预应力钢丝进行抗拉试验。然后通过 4 组 36 根梁的受弯试验研究了预应力钢丝数量和预加力数值大小对预应力胶合木张弦梁短期受弯性能的影响。当预加力数值相同时，随预应力钢丝数量的增加，梁的承载力增大，与配置 2 根预应力钢丝的梁相比，配置 4 根预应力钢丝时，承载力增大 4.2%～18.7%，配置 6 根预应力钢丝时，承载力增大 10.6%～19.7%；外荷载相同时，配置预应力钢丝数量多的梁变形更小；当预应力钢丝数量相同时，随预加力数值的增加，梁的承载力、刚度均增大。随后进行 3 组 9 根非预应力胶合木梁的对比试验，结果表明：非预应力胶合木梁破坏呈脆性且离散性较大；截面尺寸相同时，预应力高强胶合木梁的极限荷载比非预应力胶合木梁至少提高 137.5%；极限荷载相同时，预应力高强胶合木梁可节约木材 35.1%～44.5%、节省造价 20%～31%。试验数据验证了预应力胶合木张弦梁的平截面假定，依据试验结果提出了此类构件的承载力计算公式。

（4）胶合木张弦梁短期受弯性能有限元分析。利用 ABAQUS 有限元分析软件，建立了预应力胶合木张弦梁的有限元模拟分析模型。分别研究了预应力钢丝数量和预应力值大小对预应力胶合木张弦梁的影响，并与试验结果进行了对比，分析了模拟结果与试验结果存在差异的原因。

（5）预应力胶合木张弦梁受弯性能试验研究。采用自行设计的长期试验加载装置，在室内正常环境下，对 2 组 10 根梁进行了为期 45 天的长期加载试验。根据正常使用要求，确定长期荷载为预应力胶合木张弦梁极限荷载的 30%，得到了梁的挠度变化规律和预应力钢丝的应力损失规律。研究了预应力钢丝数量和预加力数值大小对预应力胶合木张弦梁长期受弯性能的影响。预加力数值相同时，预应力钢丝数量越多，梁跨中挠度随时间增长的速度越慢，预应力钢丝应力损失值越大，钢丝应力损失越快；预应力钢丝数量相同时，随预加力数值增大，梁跨中挠度随时间增长的速度略有加快，预应力钢丝的应力损失值越大，但钢丝应力损失较慢。根据试验结果将梁的长期挠度划分为短期挠度和胶合木蠕变引起的挠度两部分，分析了各部分的数值大小，提出了预应力胶合木张弦梁的长期挠度计算公式。

（6）基于蠕变影响的预应力胶合木张弦梁短期加载试验。在长期加载试验的基础上对两组预应力胶合木张弦梁进行短期破坏试验。对比没有进行长期加载试验的梁、进行长期加载试验但变形不恢复的梁及进行长期加载试验且变形恢复至加载初始状态的梁的极限荷载大小，分析得到胶合木蠕变和预应力调控对预应力胶合木张弦梁极限荷载和刚度的影响。

第 2 章 胶合木棱柱体试块 受压性能试验研究

预应力胶合木张弦梁中层板胶合木主要承受压应力,选择抗压性能良好的胶合木来制作梁构件能够增加预应力筋的利用率,提高预应力胶合木张弦梁的承载能力,为此选取抗压强度高、弹性模量大及蠕变性能良好的木材来制作层板胶合木至关重要,是后续深入研究预应力胶合木张弦梁的基础。本书通过考虑单一木材种类、不同木材组合、层板厚度及组坯方式等关系到胶合木棱柱体试块的影响因素,对 4 批次胶合木棱柱体试块进行顺纹受压试验,通过对试验现象及试验数据进行归纳,整理出胶合木棱柱体试块的弹性模量和抗压强度等受压参数,得到预应力胶合木张弦梁的初步选材方案。

2.1 棱柱体试块的设计与制作

2.1.1 试块尺寸选择

根据《木结构试验方法标准》(GB/T 50329—2012)有关要求,经过反复试验与深入的比对分析,发现胶合木试块的上下表面与试验机加载板面紧密的接触会导致试块受到很大的横向约束摩擦力,这种约束力的影响范围由接触面到试块中部逐渐减弱。因此,为了全面反映层板缺陷和黏合质量以及减小试块端部局压和试验机加载板横向约束的影响,将进行抗压试验的 100 mm×100 mm×100 mm 的胶合木立方体试块调整为 100 mm×100 mm×300 mm(顺纹方向的高度为 300 mm)的胶合木棱柱体试块,用来测定胶合木的顺纹抗压强度和弹性模量,这样得到的试验结果更为准确。高强胶合木棱柱体试件尺寸如图 2.1 所示。

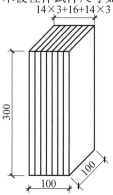

图 2.1 高强胶合木棱柱体试件尺寸(单位:mm)①

---

① 图中如无特别说明,单位均为 mm,后同。

2.1.2　棱柱体试块的选材与制作

通过分析我国目前木结构用材的实际情况,本书选用了 SPF、杨木、东北落叶松和桉木四种不同的木材来制作胶合木棱柱体试块。

SPF(Spruce Pine Fir)是云杉－松木－冷杉的英文缩写,由于其强度大且易于加工,已成为国际国内市场上建筑商的首选木材。根据《木结构设计标准》(GB 50005—2017),SPF 被评定为七个等级,试验选用的是 Ⅱ$_c$ 级 SPF 和Ⅲ$_c$ 级 SPF。试验选用的杨木为价格低廉、成材率高以及在国内木结构建筑行业普遍应用的江苏速生杨。

东北落叶松原木材质坚韧、结构略粗,是松科植物中耐腐蚀和力学性能较强的木材,是盛产于北方地区的优势树种;桉木属于进口木材,桉树适应能力强且生长周期较快,具有较高的经济价值,是世界上应用广泛的速生树种之一。因此,本书选材时也考虑了这两种木材。

为保证试块的制作质量,委托国内先进的木结构生产单位进行加工制作,层板在胶合之前,在工厂内利用烘干炉进行干燥,含水率控制在 15%±0.2%。加工试块时,木材去除了较大的木节,同时将小木节置于试块的中部,黏合用胶为瑞士产的单组分液态聚氨酯黏合剂。

2.2　试块分组

本书通过考虑树种类别、不同树种组合、层板厚度及组坯方式等关系到胶合木棱柱体试块受压性能的影响因素,分 4 批次试块进行顺纹受压试验。

2.2.1　研究树种类别影响

选取Ⅱ$_c$ 级 SPF、Ⅲ$_c$ 级 SPF、杨木、东北落叶松、桉木五种材料分别制作成单一树种的棱柱体胶合木试块,评价单一树种试块的受压性能,评选出抗压强度高、弹性模量大的木材品种,第 1 批试块截面尺寸如图 2.2 所示。

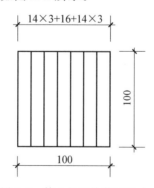

图 2.2　第 1 批试块截面尺寸

2.2.2　研究树种组合影响

选取桉木分别与杨木和东北落叶松进行组合,制作成 100 mm×100 mm×300 mm 的胶合木棱柱体试块,进行顺纹受压试验,评价不同树种组合试块的受压性能,第 2 批试块截面形式如图 2.3 所示。

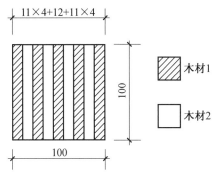

图 2.3　第 2 批试块截面形式

2.2.3　研究层板厚度影响

选取材性较好的杨木和Ⅱ$_c$级 SPF,制成 100 mm×100 mm×300 mm 的胶合木棱柱体试块,进行顺纹抗压试验,评价层板厚度对胶合木棱柱体试块的抗压性能、弹性模量及破坏形态的影响,第 3 批试块截面形式如图 2.4 所示。

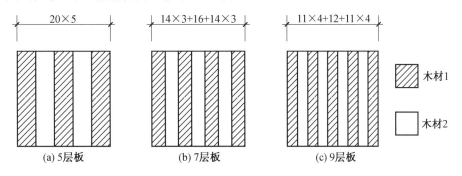

图 2.4　第 3 批试块截面形式

2.2.4　研究组坯方式影响

按照《胶合木结构技术规范》(GB/T 50708—2012)规定,组坯是指依据层板的材质等级,按规定的叠加方式和配置要求将层板组合在一起的过程。

为了探讨组坯方式对胶合木棱柱体试块顺纹受压性能的影响,选取Ⅱ$_c$级 SPF、Ⅲ$_c$级 SPF 层板进行组坯,制作 3 组组坯方式不同的试块,第 4 批试块截面形式如图 2.5 所示,层板层数为 7 层。

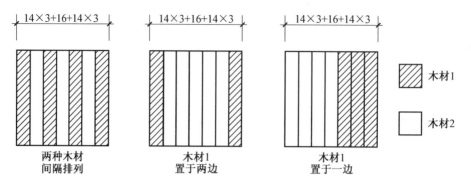

图 2.5 第 4 批试块截面形式

2.2.5 试块分组

试块基本信息见表 2.1,本书共制作了 4 批次 17 组共 102 个试块进行试验。由于木材离散性较大,为了提高试验的精度,每组制作 6 个相同的棱柱体试块。

第 2 批试块 2—1 组中木材 1 为东北落叶松、木材 2 为杨木;2—2 组中木材 1 为桉木、木材 2 为杨木;2—3 组中木材 1 为桉木、木材 2 为东北落叶松。

第 4 批试块中木材 1 为 Ⅱ$_c$ 级 SPF、木材 2 为 Ⅲ$_c$ 级 SPF;4—1 组为两种木材间隔布置;4—2 组为木材 1 置于两侧,木材 2 置于中间;4—3 组为木材 1 置于一侧。

表 2.1 试块基本信息

批次	组别	材料	胶合木层数
1	1—1	Ⅱ$_c$ 级 SPF	7
	1—2	Ⅲ$_c$ 级 SPF	7
	1—3	杨木	7
	1—4	东北落叶松	7
	1—5	桉木	7
2	2—1	东北落叶松+杨木	7
	2—2	桉木+杨木	7
	2—3	桉木+东北落叶松	7
3	3—1—1	Ⅱ$_c$ 级 SPF	5
	3—1—2	Ⅱ$_c$ 级 SPF	7
	3—1—3	Ⅱ$_c$ 级 SPF	9
	3—2—1	杨木	5
	3—2—2	杨木	7
	3—2—3	杨木	9

续表 2.1

批次	组别	材料	胶合木层数
	4—1	Ⅱ。级 SPF＋Ⅲ。级 SPF(间隔)	7
4	4—2	Ⅱ。级 SPF＋Ⅲ。级 SPF(两侧)	7
	4—3	Ⅱ。级 SPF＋Ⅲ。级 SPF(一侧)	7

2.3　试验装置和加载制度

2.3.1　试验装置

胶合木棱柱体顺纹受压试验是在 2 000 kN 微机控制电液伺服万能试验机上进行的,试验装置如图 2.6 所示。在距离试块端部 100 mm 的中间部位两个可见层板面设置引伸计,用于测量试块弹性阶段的变形。100 t 拉压力传感器放置在试验机的下加载板上,用于记录试块所受的压力,并将压力数值输出到 DH3816N 静态应变采集系统上,同步进行数据采集。在拉压力传感器上部放置 50 mm 厚的钢垫板,避免传感器与试块间的不均匀受压。在钢垫板上放置受压试块是为了避免试块与上加载板直接接触,在试块与上加载板之间设置 10 mm 厚的钢垫片。在试块两侧设置两个量程为 20 mm 的位移计,通过磁性表座固定在上加载板上,用于测量试块破坏阶段的变形量。

在对试块弹性变形进行测量时,由于普通引伸计无法满足试验要求,因此,通过改装自行研制了一套双侧对夹长刀口引伸计,如图 2.7 所示。

图 2.6　试验装置图　　　　　　　图 2.7　双侧对夹长刀口引伸计

与普通引伸计相比,双侧对夹长刀口引伸计有下面几个特点。

(1)由单侧测量变成双侧测量。

普通引伸计只能测量试块一个侧面的变形,而试块受压时的变形是不均匀的,所以普通引伸计不能真实地反映试块的整体变形,而双侧对夹长刀口引伸计通过在电路中将两只引伸计并联,就能够测得试块两个侧面的变形,从而通过这两个变形的平均值更好地反映试块的整体变形。

（2）引伸计夹持刀口长度由 10 mm 加大到 100 mm。

普通电阻式引伸计刀口长度仅为 10 mm，胶合木试块是由层板胶合而成，10 mm 的刀口只能测量出一层板的变形，不能如实地反映层板之间变形的差异，而 100 mm 的长刀口能够完整地覆盖试块的宽度，使得变形测试结果更加准确。

（3）引伸计量程由 10 mm 变为 1 mm。

由于试块变形小于 1 mm，而标距为 100 mm 的普通引伸计量程一般为 10 mm，这会导致测试精度降低，将引伸计量程减小为 1 mm 可使得测量精度大大提高。

2.3.2　加载制度

试块弹性阶段采用力控制进行加载，一个完整的加载周期包括从 10 kN 按照加载速度 2 kN/s 加载到 50 kN，然后匀速降至 10 kN。为了测量试块的受压弹性模量，总共进行 6 个周期的弹性阶段加载。为了保证试验数据的稳定性和准确性，以及检测试验仪器是否正常工作，第一周期定义为预加载，所得试验数据不作为有效数据。弹性阶段加载曲线如图 2.8 所示。

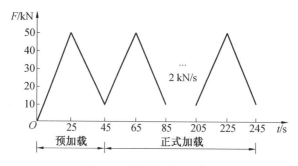

图 2.8　弹性阶段加载曲线

试块破坏阶段的加载采用目标位移量为 10 mm 的位移控制加载，进行了 6 个周期的弹性阶段加载后，万能试验机回油。破坏阶段试块变形较大，为了保护对夹式引伸计，将其拆除，以 2 mm/s 匀速加载，直至加载曲线出现明显下降段，达到目标位移量后，视为试块破坏。破坏阶段的加载制度曲线如图 2.9 所示。

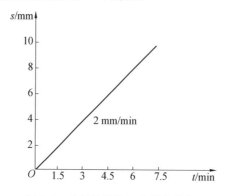

图 2.9　破坏阶段的加载制度曲线

2.4　试块受力特征及破坏形态

从 17 组中选取 4 组试块,对试块的受力特征及破坏形态进行阐述。

1－1 组为 Ⅱ𝑐 级 SPF 棱柱体试块。每组共 6 个试块,1－1 组的命名为 SPF1－1～SPF1－6,后续各组的命名方式同 1－1 组。试块安装完毕后,启动万能试验机进行加载,当试验机台面与试块表面接触密实后,试块内部纤维随着试验力的增大逐渐被压实,当试验力达到 180.31 kN 时,荷载－位移关系曲线不再呈线性增加,表明弹性阶段加载结束;继续加载时曲线增长缓慢,试块内部因纤维的屈服而发出"噼、啪"声,且变形较大,试块四周表面出现斜向的褶皱;当试验力达到 224.22 kN 时,曲线出现最高点,随后四个表面的褶皱连成一线,且变形较大,荷载－位移关系曲线呈下降走势状态;到达目标位移量 10 mm 时,试块出现斜向错层的破坏现象,视为试块完全破坏,此时试块承载力为 145.57 kN,结束加载试验。

6 个 Ⅱ𝑐 级 SPF 胶合木棱柱体试块都出现了距离端部 100 mm 左右的斜向褶皱,导致褶皱两侧的试块出现错层的破坏现象,表现为剪切破坏模式。Ⅱ𝑐 级 SPF 试块破坏形态如图 2.10 所示。

(a) SPF1－1破坏形态　　　　　　　(b) SPF1－4破坏形态

图 2.10　Ⅱ𝑐 级 SPF 试块破坏形态

1－3 组为杨木棱柱体试块。加载过程中,发现杨木的受压性能要明显好于进口木材 SPF,试验测得杨木受压试块的屈服荷载为 264.06 kN,较 Ⅱ𝑐 级 SPF 提高了 55.05%,试验测得杨木试块的极限荷载为 329.06 kN,较 Ⅱ𝑐 级 SPF 提高了 82.49%。杨木试块的屈服荷载与极限荷载之差较 Ⅱ𝑐 级 SPF 大很多,说明安全储备也相应地提高了很多。在屈服阶段加载过程中,试块端部出现局压褶皱,且发出脆断的声音,而试块中间部位没发生明显的变化,极限荷载过后,荷载－位移关系曲线下降明显,达到目标位移量时的试块承载力为 250.08 kN。

6 个杨木试块发生端部局压破坏与斜向剪坏(即剪切破坏)的破坏特征,杨木试块破坏形态如图 2.11 所示。

(a) YM-1破坏形态　　　　　　　　(b) YM-2破坏形态

图 2.11　杨木试块破坏形态

1—4 组为东北落叶松棱柱体试块。试块在受压加载过程中,表现出良好的抗压性能,荷载—位移关系曲线呈线性增长,当试验力为 270.16 kN 时,试块受压屈服;当试验力为 317.43 kN 时,试块达到极限承载状态,随后荷载—位移曲线走势下降,达到目标位移量时持荷为 222.97 kN。

6 个东北落叶松试块受压过程中出现了层板胶合面开裂破坏和斜向剪坏的破坏特征,东北落叶松试块破坏形态如图 2.12 所示。

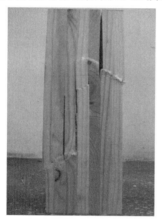

(a) LYS-1破坏形态　　　　　　　　(b) LYS-2破坏形态

图 2.12　东北落叶松试块破坏形态

2—3 组为桉木+东北落叶松组合棱柱体试块,当试验力值达到 280.31 kN 试块受压屈服,加载曲线出现最高点 319.92 kN 时,试块达到极限荷载,试块的承载力高于单一树种制作的试块,表明两种木材组合效果良好。同单一桉木试块的破坏过程较为相似,破坏裂缝主要出现在试块的中间部位,部分试块的破坏同东北落叶松较为接近,出现了轻微的胶合面开裂破坏,达到目标位移量 10 mm 时试块的承载力值为 180.47 kN。6 个试块主要出现了斜剪破坏和胶合木开裂破坏,桉木+东北落叶松组合试块破坏形态如图 2.13 所示。

(a) AL-2破坏形态　　　　　　　　(b) AL-6破坏形态

图 2.13　桉木＋东北落叶松组合试块破坏形态

3－2－1组为层板厚度 20 mm 的杨木胶合木试块,由 5 层板胶合木叠加而成,试验测得该试块达到极限状态时的承载力为 320.10 kN,试验力为 263.28 kN 试块受压屈服,达到目标位移量 10 mm 时试块所承受的荷载为 241.72 kN。

达到极限状态之后,荷载－位移关系曲线下降速度较快,在试块的端部出现褶皱,随着继续加载,褶皱向试块的斜向延伸,发出劈裂声,受此波动出现荷载突变的现象,试块出现端部局压破坏和内部纤维挤压破坏,杨木 20 mm 层板试块破坏形态如图 2.14 所示。

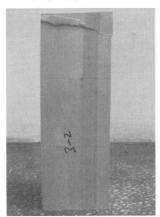

(a) YM(5)-2破坏形态　　　　　　　(b) YM(5)-6破坏形态

图 2.14　杨木 20 mm 层板试块破坏形态

4－3组试块选用材性相近的 II_c 级 SPF 和 III_c 级 SPF 按照置于一边的组坯方式进行组合,其中 II_c 级 SPF3 层置于一侧,III_c 级 SPF4 层置于另一侧。试验测得该试块的极限荷载为 247.19 kN,屈服强度为 209.61 kN,达到目标位移量 10 mm 时的荷载为 152.40 kN。

由于 II_c 级 SPF 较 III_c 级 SPF 具有更良好的受压性能,在加载过程中,III_c 级 SPF 的破坏先于 II_c 级 SPF 木材,从而发生两者接触面的胶合面开裂破坏,另外有部分试块出现斜剪破坏模式,4－3组试块破坏形态如图 2.15 所示。

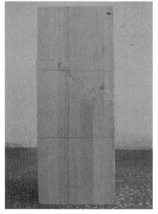 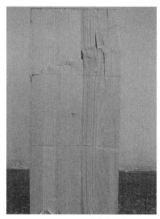

(a) SPF(Y)-2破坏形态   (b) SPF(Y)-3破坏形态

图 2.15   4－3组试块破坏形态

对棱柱体胶合木试块的破坏形态进行归纳分析,得到五种典型的破坏模式,高强胶合木棱柱体试块破坏形态如图 2.16 所示。

(a) 斜剪破坏   (b) 端部局压破坏   (c) 层板劈裂破坏   (d) 胶合面开裂破坏   (e) 纤维挤压破坏

图 2.16   高强胶合木棱柱体试块破坏形态

第一种为斜剪破坏,由于试块缺陷和初始偏心等原因,在试块中部形成近似 45°的斜裂缝。

第二种为端部局压破坏,在试块端部 30 mm 范围内,木纤维因受压而失稳,在试块表面形成横向褶皱。

第三种为层板劈裂破坏,由于试块天然存在的木节等缺陷,在加载过程中导致试块内部应力分布不协调。

第四种为胶合面开裂破坏,多出现在两种木材组合的试块中,这是因为不同木材变形存在差异,而胶合面粘接又不够理想,导致胶合面开裂。

第五种为纤维挤压破坏,多出现在单一树种的试块中,由于木材受压性能充分发挥,最终由于纤维受压屈曲而破坏。

经过统计分析,五种典型破坏所占百分比分别为 41.18%、18.63%、11.76%、

11.76％和 16.67％,胶合木棱柱体试块破坏模式权重图如图 2.17 所示,以斜剪破坏、端部局压破坏和纤维挤压破坏为主。

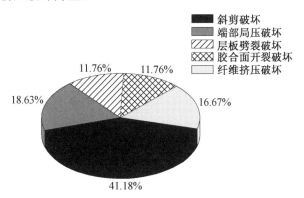

图 2.17　胶合木棱柱体试块破坏模式权重图

2.5　试验结果分析

弹性阶段采用力控制进行加载,利用双侧对夹长刀口引伸计记录试块的变形量,试块应力－应变关系服从胡克定律,胶合木棱柱体试块的弹性模量计算式为

$$E=\frac{\Delta\sigma}{\Delta\varepsilon}=\frac{\dfrac{N_{50}-N_{10}}{S}}{\dfrac{\Delta L_{50}-\Delta L_{10}}{L_1}} \tag{2.1}$$

式中　N_{10}、N_{50}——分别为一个弹性周期内,选取程序加载力分别为 10 kN 与 50 kN 传感器所对应的数值;

　　　ΔL_{10}、ΔL_{50}——N_{10}、N_{50} 所对应的变形量;

　　　S——受压面积;

　　　L_1——引伸计标距。

破坏阶段采用位移控制进行加载,利用量程为 20 mm 的位移计记录试块的变形量,综合参考《木材顺纹抗压强度试验方法》(GB/T 1935—2009),应用顺纹抗压强度计算公式求解试块抗压强度:

$$\sigma_W=\frac{P_{\max}}{bt} \tag{2.2}$$

式中　σ_W——试样含水率为 W 时的顺纹抗压强度;

　　　$P_{\max}$——破坏荷载;

　　　b——试块宽度;

　　　t——试块厚度。

2.5.1　树种类别对试块受压性能的影响

对第 1 批次单一树种试块受压试验所得数据进行整理,得到了不同树种类别胶合木

试块受压性能指标,见表2.2。

表2.2　不同树种类别胶合木试块受压性能指标

组别	材料	弹性模量/MPa	弹性模量标准差/MPa	弹性模量变异系数/%	强度/MPa	强度标准差/MPa	强度变异系数/%
1—1	II$_c$级 SPF	8 888	153.32	1.72	23	0.31	1.35
1—2	III$_c$级 SPF	8 808	276.49	3.14	22	0.70	3.14
1—3	杨木	10 515	201.32	1.91	33	1.05	3.14
1—4	东北落叶松	12 725	1 019.72	8.01	32	0.48	1.49
1—5	桉木	10 051	230.91	2.30	27	0.75	2.77

第1批试块受压性能对比分析如图2.18所示。

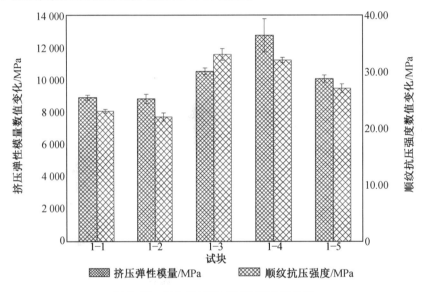

图2.18　第1批试块受压性能对比分析

由表2.2和图2.18可知,II$_c$级 SPF棱柱体胶合木试块的弹性模量和顺纹抗压强度均略高于III$_c$级 SPF;II$_c$级 SPF弹性模量和顺纹抗压强度的变异系数均明显低于III$_c$级 SPF,II$_c$级 SPF的受力性能比III$_c$级 SPF更稳定。杨木的顺纹抗压强度最高,东北落叶松的弹性模量最大,四种木材中,杨木和东北落叶松的受压性能明显好于其他木材。

从第1批受压试块的荷载－位移关系曲线(图2.19)可以看出,II$_c$级 SPF木材试块先于其他四组试块进入弹性阶段,由于II$_c$级 SPF试块较其他试块材性均匀,其余试块要先经过内部纤维被均匀压实后才能进入弹性阶段,达到极限荷载后,曲线下降较平缓,稳定性较好;杨木试块是5组曲线中峰值最高的曲线,表明其具有最好的受压承载力,达到极限状态后,曲线出现了两次突变,这是由试块内部的缺陷被压碎引起的;东北落叶松试块虽然较杨木承载力稍低,但是曲线整体走向较为平稳,没有发生明显的突变。

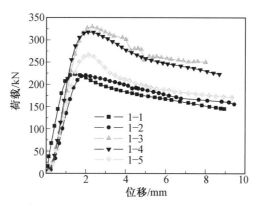

图 2.19　第 1 批受压试块的荷载－位移曲线

2.5.2　树种组合对试块受压性能的影响

第 2 批试块受压试验测得的不同树种组合胶合木试块顺纹受压性能指标见表 2.3，树种组合试块变化幅值见表 2.4。

表 2.3　不同树种组合胶合木试块顺纹受压性能指标

组别	材料	弹性模量/MPa	弹性模量标准差/MPa	弹性模量变异系数/%	强度/MPa	强度标准差/MPa	强度变异系数/%
2－1	东北落叶松＋杨木	12 212	205.33	1.68	33	0.09	0.28
2－2	桉木＋杨木	11 013	804.44	7.30	26	0.56	2.13
2－3	桉木＋东北落叶松	11 417	528.48	4.63	33	0.54	1.66

表 2.4　树种组合试块变化幅值

试件分组	材料	弹性模量变化幅度/%	抗压强度变化幅度/%
2－1	东北落叶松＋杨木	—	—
1－3	东北落叶松	－4.2	3.125
1－4	杨木	16.14	0
2－2	桉木＋杨木	—	—
1－4	杨木	4.73	－26.92
1－5	桉木	9.57	－3.85
2－3	桉木＋东北落叶松	—	—
1－3	东北落叶松	－11.46	3.125
1－5	桉木	13.59	22.22

第 2 批试块受压性能对比分析如图 2.20 所示。

由表 2.3、表 2.4 及图 2.20 可知，不同树种组合制成的三组层板胶合木试件中，东北落叶松＋杨木组合的弹性模量比杨木高，比东北落叶松低，顺纹抗压强度接近杨木，比东北落叶松高，受压性能与东北落叶松更为接近；桉木＋杨木组合的弹性模量比桉木和杨木

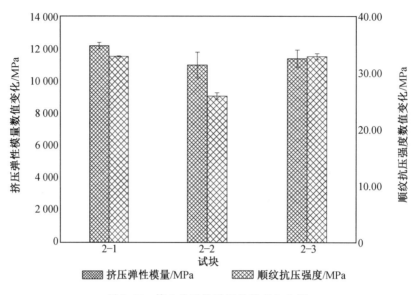

图 2.20　第 2 批试块受压性能对比分析

都高,但更接近于杨木,顺纹抗压强度比两者都低,与桉木更接近;桉木+东北落叶松组合的弹性模量介于两者之间,顺纹抗压强度比两者都高,与东北落叶松差不多。可见,不同树种组合后弹性模量和顺纹抗压强度与单一树种相比,有的略大,有的略小。因此,不同树种组合对胶合木顺纹受压性能的影响不是很显著。

第 2 批试块荷载—位移关系曲线如图 2.21 所示。

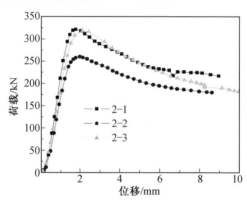

图 2.21　第 2 批试块荷载—位移关系曲线

由图 2.21 可知,顺纹抗压强度大小依次为东北落叶松+杨木组合、桉木+东北落叶松组合、桉木+杨木,弹性模量大小依次为东北落叶松+杨木组合、桉木+东北落叶松组合、桉木+杨木。可见,在这三种组合当中,东北落叶松+杨木组合效果最好,桉木+杨木组合效果最差。

2.5.3　层板厚度对试块受压性能的影响

第 3 批层板胶合试块顺纹受压试验测得的不同层板厚度胶合木试块顺纹受压性能

指标见表 2.5。

表 2.5 不同层板厚度胶合木试块顺纹受压性能指标

组别	材料	层板厚度 /mm	弹性模量 /MPa	弹性模量 标准差/MPa	弹性模量 变异系数/%	强度 /MPa	强度 标准差/MPa	强度变异 系数/%
3－1－1	Ⅱ$_c$级 SPF	20	8 153	325.51	3.99	22	0.31	1.41
3－1－2	Ⅱ$_c$级 SPF	14	8 888	153.32	1.72	23	1.33	5.81
3－1－3	Ⅱ$_c$级 SPF	11	9 824	464.60	4.73	27	0.38	1.42
3－2－1	杨木	20	10 198	132.05	1.29	33	0.46	1.41
3－2－2	杨木	14	10 515	201.32	1.91	33	1.05	3.14
3－2－3	杨木	11	10 977	202.37	1.84	33	0.62	1.88

由表 2.5 和图 2.22 可以看出，层板厚度为 20 mm、14 mm、11 mm 的 Ⅱ$_c$ 级 SPF 木材的弹性模量和顺纹抗压强度随着胶合木层板厚度的减小有所提高；层板厚度为 20 mm、14 mm、11 mm 的杨木的弹性模量随着层板厚度的减小有所提高，顺纹抗压强度持平；这是由于层板厚度变小，胶合木材质更加均匀，斜纹、木节等自身缺陷变得更加分散，从而改善了层板胶合木的顺纹受压性能。

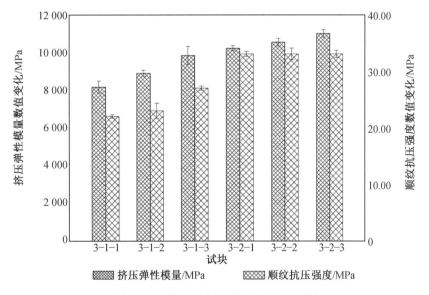

图 2.22 第 3 批试块受压性能对比分析

由图 2.23 可以看出,随着层板厚度的减小,弹性阶段荷载增长速度明显上升,曲线的最高点也有所提升,下降段整体较为平缓,可见,随着层板厚度的减小,试块的弹性模量和顺纹抗压强度都有一定的提升。

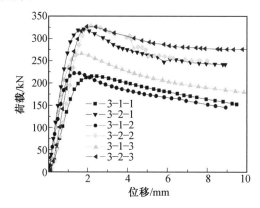

图 2.23　第 3 批试块荷载－位移关系曲线

2.5.4　组坯方式对试块受压性能的影响

第 4 批层板胶合木试块顺纹受压试验测得的不同组坯方式胶合木试块顺纹受压性能指标见表 2.6。

表 2.6　不同组坯方式胶合木试块顺纹受压性能指标

组别	材料	组坯方式	弹性模量 /MPa	弹性模量 标准差 /MPa	弹性模量 变异系 数/%	强度 /MPa	强度 标准差 /MPa	强度变 异系数 /%
4－1	II$_c$级 SPF＋III$_c$级 SPF	间隔排列	9 198	387.21	4.21	26	0.45	1.76
4－2	II$_c$级 SPF＋III$_c$级 SPF	置于两侧	10 506	237.17	2.26	27	0.48	1.75
4－3	II$_c$级 SPF＋III$_c$级 SPF	置于一边	9 659	99.00	1.02	25	0.74	2.94

由表 2.6 及图 2.24～2.25 可知,三种组坯方式中,置于两侧的布置方式弹性模量最大,较间隔布置的试块提高了 14.22%;置于两边的顺纹抗压强度也是最好的;可见,三种组坯方式中,置于两侧的组坯方式的弹性模量和顺纹抗压强度略高于其他两种,组坯方式对胶合木受压性能影响不大。

三组曲线的上升及下降趋势基本一致,4－2 组试块的极限荷载最高,4－3 组的极限荷载最低,三种组坯方式中,II$_c$级 SPF 置于两边的组坯方式效果最好。

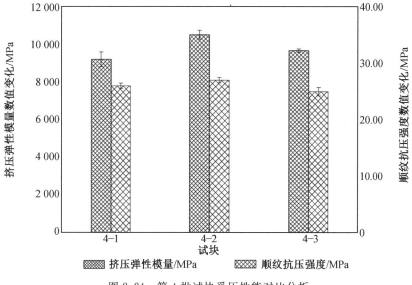

图 2.24　第 4 批试块受压性能对比分析

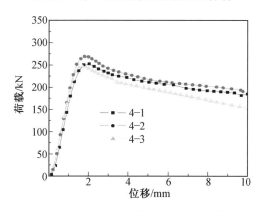

图 2.25　第 4 批试块荷载－位移关系曲线

2.5.5　试块顺纹受压延性分析

延性是材料的重要性能,是指结构或构件的某个截面从屈服开始达到极限荷载之后,承载能力未发生明显下降期间的变形能力。延性的好坏直接影响构件的变形能力和抗震能力。

取达到 85% 的极限荷载所对应的位移,定义为试块的屈服位移;取卸载到 85% 极限荷载所对应的位移,定义为试块的破坏位移,位移延性系数为

$$\mu_s = \frac{S_2}{S_1} \tag{2.3}$$

式中　μ_s——位移延性系数;

S_1——屈服位移;

S_2——破坏位移。

4 批试块延性系数对比柱状图如图 2.26 所示。单一木材棱柱体受压试块延性最好

的为Ⅱ。级 SPF,最差的为桉木,整体来说,进口木材延性稍好于国产木材。木材组合试块中,桉木与杨木组合后制作的受压试块延性最好。11 mm 层板厚度的试块延性最好。不论杨木还是Ⅱ。级 SPF,20 mm 厚的试块延性最差。组坯方式对延性系数的影响是置于两边的延性系数最好,其次是间隔布置,置于一边的延性系数最差。

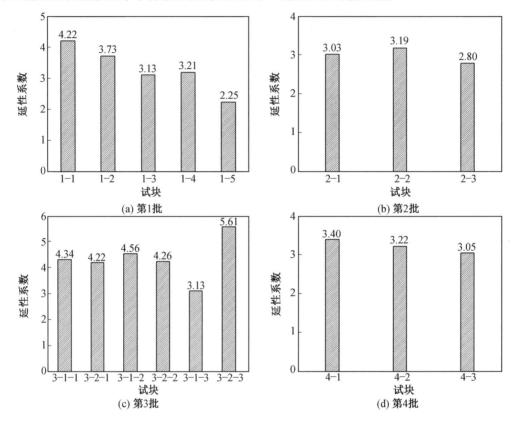

图 2.26　4 批试块延性系数对比柱状图

2.6　本章小结

本章设计了一种用于测量木材顺纹抗压强度的棱柱体胶合木试块。通过对 4 批次17 组 102 个棱柱体胶合木试块进行顺纹受压试验,研究了树种类别、树种组合、层板厚度和组坯方式对胶合木顺纹受压性能的影响。结果表明:胶合木试块顺纹受压试验的荷载—变形曲线呈缓慢下降趋势,表现出良好的塑性特征;破坏形态主要有端部局压破坏、斜剪破坏、胶合面开裂破坏、劈裂破坏和内部纤维挤压破坏等;选用的国产常用木材东北落叶松、杨木和桉木的弹性模量及顺纹抗压强度均高于工程中应用广泛的进口木材 SPF,尤其是东北落叶松和杨木的受压性能明显好于其他木材;不同树种组合与单一树种试块的弹性模量及顺纹抗压强度数值接近,试块并未发生明显开胶现象,不同树种组合具有一定的可能性;虽然随着层板厚度的减小,试块的弹性模量及顺纹抗压强度都有一定的上升趋势,但层板厚度和组坯方式对受压性能的影响不大。

第 3 章　基于选材的预应力胶合木张弦梁受弯试验研究

3.1　预应力胶合木张弦梁的提出

为了充分发挥预应力胶合木张弦梁的强度,改善非预应力胶合木梁变形过大的缺点,同时实现使用中可调控的目的,本书提出一种适用于胶合木梁的预应力施加方法——螺杆顶升张拉法,并以此为基础构建了胶合木受压、预应力筋受拉的新型钢木组合构件——预应力高强胶合木梁。

3.1.1　螺杆顶升张拉的预应力施加装置

本书提出的预应力施加装置是由转向块、螺栓、钢垫板、预应力筋及锚具组成。其中转向块、螺杆及钢垫板通过拼装形成螺杆顶升张拉装置;锚具及钢垫板形成端部锚固装置,各部件构成及说明如下。

转向块是螺杆顶升张拉装置的主要构成部分,通过两侧凹槽固定预应力筋位置,保证其线型符合试验要求;转向块中部开螺纹孔,与螺杆配套,通过旋转螺杆带动转向块上下移动,从而实现预应力筋的竖向张拉。转向块加工及实物图如图 3.1 所示。

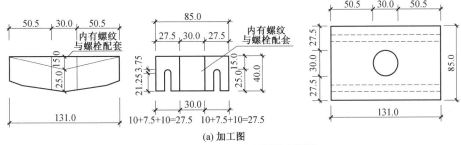

(a) 加工图

(b) 实物图

图 3.1　转向块加工及实物图

螺杆是施加预应力的载体,由于采用竖向张拉,螺杆转动产生较小的位移就可使预应力筋有较大伸长,建立预应力的效果明显。通过螺纹尺寸可以确定螺杆旋转一周,转向块向下移动的距离,实现对所施加预应力的精确控制,此外在螺杆上下端部各 20 mm 范围内,对边磨平,以方便扳手旋转。螺杆加工及实物图如图 3.2 所示。

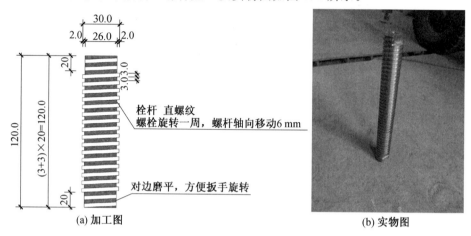

图 3.2   螺杆加工及实物图

钢垫板 1 的作用主要是为了避免螺杆产生的竖向力将胶合木局部压坏,其中部约 1 mm 的凹槽也有固定螺杆位置的作用。钢垫板 1 加工及实物图如图 3.3 所示。

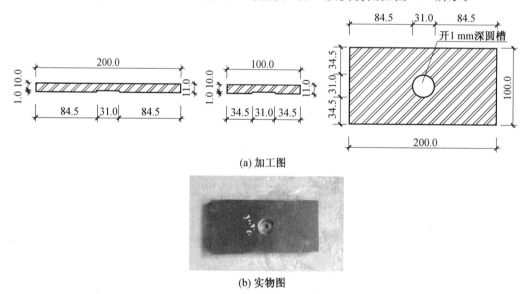

图 3.3   钢垫板 1 加工及实物图

端部锚固装置由锚具和锚垫板构成。由于试验采用高强低松弛钢丝作为预应力筋,自行设计了镦头锚具,为满足试验要求,锚具中设三个孔,可同时满足 1～3 根预应力钢丝的锚固。锚具加工及实物图如图 3.4 所示。

钢垫板 2 的作用也是为了防止梁端发生局压破坏,为了方便预应力钢丝的安装,钢垫板下部开两个 8 mm 宽的槽。钢垫板 2 加工及实物图如图 3.5 所示。

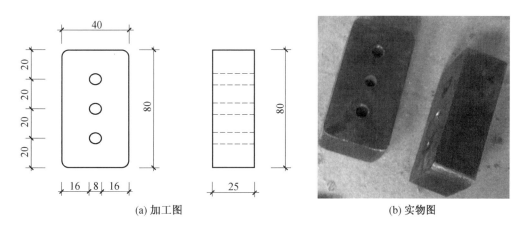

(a) 加工图　　　　　　　　　　(b) 实物图

图 3.4　锚具加工及实物图

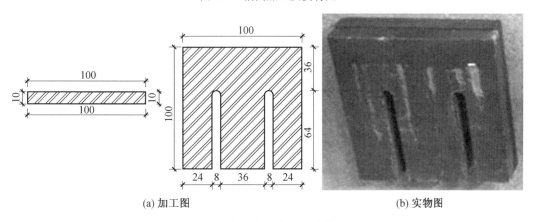

(a) 加工图　　　　　　　　　　(b) 实物图

图 3.5　钢垫板 2 加工及实物图

螺杆顶升张拉装置各部分构件实物图汇总如图 3.6 所示。

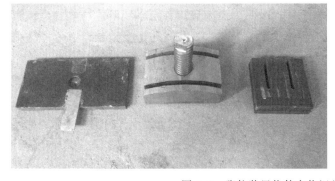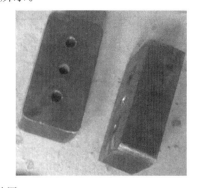

图 3.6　张拉装置物件实物汇总图

首先,将钢垫板粘在梁底后,螺杆拧入转向块中,螺杆顶部置于钢垫板的圆形凹槽内;然后,截取恰当的钢丝长度,穿过锚具并进行镦头,在梁跨中将钢丝置于转向块的凹槽内,在梁端则穿过钢垫板;旋转螺杆,带动转向块向下移动,从而竖向张拉凹槽内的预应力钢丝,实现施加预应力的目的。集成的示意图及实物图如图 3.7 所示。

该螺杆顶升张拉装置具有如下突出优点:① 施加预应力方便,不需专业设备;② 所

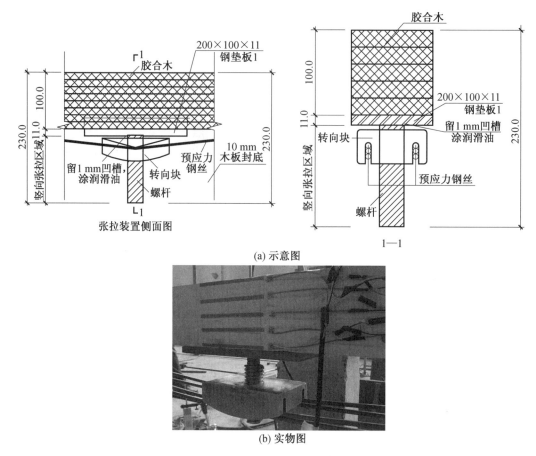

(a) 示意图

(b) 实物图

图 3.7 集成的示意图及实物图

施加预应力的范围大,旋转螺杆在竖向产生较小位移,预应力筋即可有较大伸长;③ 通过旋转螺杆可以精确控制转向块的竖向位移量,进而控制预应力数值;④ 能够实现使用过程中的随时调控。

3.1.2 预应力胶合木张弦梁

预应力胶合木张弦梁由胶合木、预应力筋、张拉装置和锚固装置共同构成,是一种新型的钢木组合受弯构件,示意图如图 3.8(a)所示。在预应力胶合木张弦梁中,梁上部由胶合木承担压力,下部由预应力筋承担拉力,并通过二者所形成的拉压力偶来抵抗外荷载所产生的弯矩。

在实际工程中,可根据防火需要事先对胶合木进行防火处理或涂防火涂料,可采用高强钢丝、钢丝束或钢绞线等作为预应力筋,而且可以根据需要设置一个或多个预应力筋弯折点(每个螺杆处对应一个弯折点),从而形成能够与外荷载匹配的预应力筋线型。本书采用高强钢丝作为预应力筋,在梁跨中设置一个弯折点,实现高强钢丝的竖向张拉。

预应力胶合木张弦梁能够充分利用胶合木和预应力筋的强度,从而实现节省材料、增大跨度的目的;能够改变非预应力胶合木梁的破坏形态,使胶合木梁由梁底木材受拉的脆性破坏转变为梁顶木材受压的延性破坏;此外,施加预应力以后,能够减小胶合梁的变形,并且实现使用过程中的随时调控,装配完成后的预应力胶合木张弦梁实物图如图 3.8(b)所示。

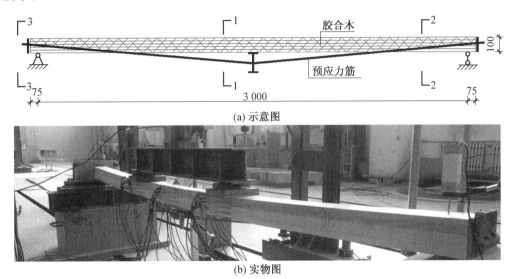

(a) 示意图

(b) 实物图

图 3.8　预应力胶合木张弦梁

3.2　试验概况

3.2.1　试件分组及制作

本书试验所用的梁中,预应力胶合木张弦梁中的胶合木部分及非预应力胶合木梁均委托木结构厂家进行生产加工。预应力钢丝自行从厂家购进,形态为光圆。

木材是一种天然的各向异性非均质复合材料,本身具有较大的变异性。对于一个大体量木结构构件来说,存在着诸多对强度和破坏形态等的影响因素。因此,在材料选用及加工、木梁的运输及贮藏时,需要控制的因素有很多。在胶合木结构中,胶黏强度、指接接头和木节对于胶合木物理力学性能的影响尤为明显,因此在进行试件设计时,充分考虑了这些影响因素,明确给出了需保证的胶黏强度以及指接接头和木节禁止出现的位置,并要求厂家严格按照加工图进行试件加工。同时,在委托厂家进行构件加工时,选择了技术先进的大型木结构加工企业,保证了试件具有可靠的加工质量。胶合木出厂后均覆盖完整的塑料薄膜,以防止水分流失,导致木材开裂。当胶合木梁运达实验室后,在对木梁进行试验前不得拆开薄膜。在对木梁进行搬运时,轻拿轻放,避免破坏梁身及塑料膜。

试验选择 II_c 级 SPF、III_c 级 SPF、杨木、东北落叶松共 4 种木材来制作预应力胶合木张弦梁,胶合木用胶为瑞士产的单组分液态聚氨酯黏合剂。综合参考《木结构试验方法标准》(GB/T 50329—2012)、《木材顺纹抗压强度试验方法》(GB/T 1935—2009),进行了木材顺纹抗压试验,得到了材料力学性能指标,见表 3.1。用到的预应力筋均为直径 7 mm

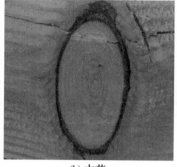

| (a) 梁身覆盖塑料膜 | (b) 木节 | (c) 指接 |

图 3.9　胶合木梁贮藏照片及缺陷

的低松弛 1 570 级预应力钢丝，每根梁中放置 4 根预应力钢丝。

表 3.1　材料力学性能指标

材料类别	抗压强度/MPa	抗拉强度/MPa	弹性模量/MPa
东北落叶松	32.13	—	12 725.08
杨木	33.44	—	10 515.09
II_c 级 SPF	22.89	—	8 888.39
III_c 级 SPF	22.30	—	8 807.83
预应力钢丝	—	1 570	2.06×10^5

注：木材为抗压弹性模量，钢筋为抗拉弹性模量

　　该试验共包括 9 根胶合木梁，胶合木梁尺寸为 3 150 mm×100 mm×100 mm，从选材角度研究预应力胶合木张弦梁的受弯性能。

　　试件共划分为三组，第 1 组选取东北落叶松、杨木、II_c 级 SPF 和III_c 级 SPF 共四种木材，研究木材种类对新型预应力胶合木张弦梁受弯性能的影响；第 2 组选取东北落叶松，通过改变层板厚度来探讨新型预应力胶合木张弦梁受弯性能的影响；第 3 组选取材性相近的II_c 级 SPF 和III_c 级 SPF 进行组合，分析组坯方式不同的构件受弯性能之间的差异。预应力胶合木张弦梁试件基本信息见表 3.2。

表 3.2　预应力胶合木张弦梁试件基本信息

组号	试件编号	材料	层板厚度/mm	组坯方式
1	B1	东北落叶松	14	—
	B2	杨木	14	—
	B3	II_c 级 SPF	14	—
	B4	III_c 级 SPF	14	—
2	B5	东北落叶松	20	—
	B1	东北落叶松	14	—
	B6	东北落叶松	11	—

续表 3.2

组号	试件编号	材料	层板厚度/mm	组坯方式
	B_7	II_c 级 SPF + III_c 级 SPF	14	置于一侧
3	B_8	II_c 级 SPF + III_c 级 SPF	14	间隔布置
	B_9	II_c 级 SPF + III_c 级 SPF	14	置于两侧

每根梁的两端均由底部局部开 2 道楔形槽,楔形槽宽度为 8 mm,在梁的端部,楔形槽的高度为 64 mm,在距梁端 875 mm 处,楔形槽高度为 0,二者之间线性减小。每根梁配备 8 个厚度为 8 mm 的三角形木楔,木楔厚度应使其刚好塞在楔形槽内为准,胶合木加工完成后,将木楔放在图 3.10 中的指定位置,但不粘接,待预应力钢丝就位以后再行粘接,木楔的木材应与胶合木相同,其加工图如图 3.10 所示。

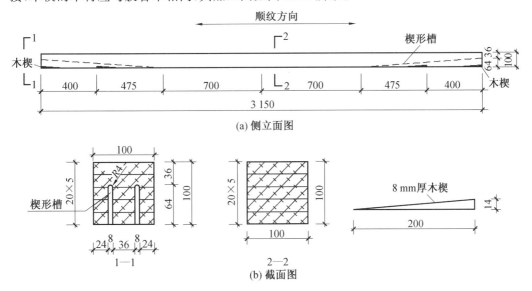

图 3.10 配置预应力筋木梁加工图

指接是一种目前常用的木材连接方法,一般将木材连接处加工成锯齿状,在锯齿状的斜面上涂胶粘接。指接处的抗拉强度取决于木材的加工精度、材料的含水率和接触面的涂胶量等诸多因素,当处于受拉状态时,指接多为材料的薄弱环节。所以指接加工时,严格地将指接位置控制在梁端 500 mm 的区域,其示意图如图 3.11 所示。

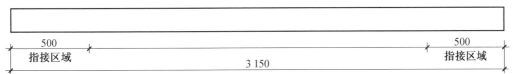

图 3.11 指接位置示意图

3.2.2 试验装置及加载制度

采用千斤顶进行三分点加载,施加的竖向荷载经压力传感器传给 DH3816N 静态应变测量系统。在两侧支座及跨中共设置 3 个位移计,所有的测量数据均由静态应变测量系统同步采集,加载装置及测点布置如图 3.12 所示。

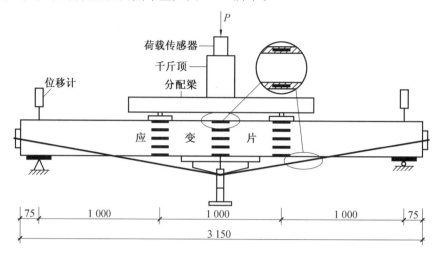

图 3.12 加载装置及测点布置

在完成木梁、预应力钢丝和相关配件的安装后,预应力胶合木张弦梁采用丝扣拧张横向张拉法施加预应力,在用扳手拧转栓杆的同时,对预应力钢丝的应变进行计算,当各钢丝的平均应变值达到预定的标准时,停止拧动栓杆,预加力施加完成。图 3.13 即正在对胶合木梁施加预应力。对非预应力胶合木梁没有此过程,而对于预加力为 0 的胶合木张弦梁,此过程不可忽略,目的是拉紧预应力钢丝,当机箱显示钢丝均开始受到拉力时即可停止。

图 3.13 施加预应力

施加预应力结束后,将滚轴支座、分配梁、千斤顶、压力传感器、位移计等安装到新型预应力胶合木张弦梁上,试验中用到设备的自重总计为 0.725 kN,计入总加载量中。

千斤顶加载部分主要包含弹性模量测量、弹性加载和破坏加载三个阶段,整个过程均为荷载控制加载。预估梁破坏时的极限荷载为 26 kN。第一阶段测量木梁的弹性模量,以 2.6 kN—5.2 kN—2.6 kN 为一个加载周期,共有 5 个周期;第二阶段从 2.6 kN 开始加载,荷载以 2.6 kN 逐级递增至预估极限荷载的 50%,即 2.6 kN—5.2 kN—7.8 kN—10.4 kN—13 kN;第三阶段从 13 kN 开始加载,荷载以 1.3 kN 逐级递增,每一加载步结束后,持荷 1 min,加载至梁产生很大的裂缝或者变形,视为梁完全破坏,观察并记录其破坏形态,胶合木张弦梁千斤顶加载如图 3.14 所示。

图 3.14　胶合木张弦梁千斤顶加载

3.2.3　应变片布置及数据采集

在梁跨中、三分点截面处、试件两侧沿高度均匀布置应变片共 30 个,跨中梁顶对称布置 2 个应变片,规格为 100 mm×3 mm,预应力钢丝表面对称布置 4 个应变片,规格为 20 mm×3 mm。此外,需要在相同试验环境下的胶合木和预应力钢丝上粘贴温度补偿片。应变片布置如图 3.15 所示。

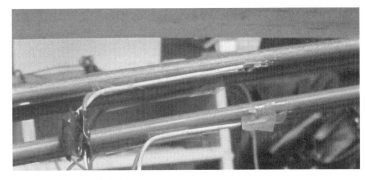

图 3.15　应变片布置图

数据采集的内容主要包括千斤顶施加的力、木材和钢丝的应变及梁的整体变形。千斤顶施加的力通过力的传感器测量,由 10 通道 DH3818 静态应力应变测试分析系统读取数据。试验过程中每达到一级荷载时,读取采集箱数据。

木材和钢丝的应变通过应变片进行测量,由 DH3816N 数据采集箱读取数据。数据采集系统如图 3.16 所示,在加载过程中全程采集并记录数据。梁的整体变形通过置于梁两端和跨中的三个位移计测得,由 DH3816N 数据采集箱读取数据。在加载过程中全程采集并记录数据。

(a) DH3818静态应力应变测试分析系统　　(b) DH3816N静态应力应变测试分析系统

图 3.16　数据采集系统

3.2.4　试验流程及主要步骤

首先对梁的尺寸进行测量,采用游标卡尺测量木梁的截面尺寸,取四个面的平均值作为有效值,梁的纵向长度采用卷尺测量,并对梁的截面、侧面及纵向梁身进行拍照记录,将应变片粘贴位置、支座放置位置和钢垫板固定位置等在胶合木梁上用铅笔标出,按照应变片的布置方案完成应变片的粘贴工作;再将端头钢垫板使用热熔胶粘贴到梁端,张拉装置的钢垫板粘贴到梁底,放置一段时间,使 AB 胶达到一定的黏结强度;在等 AB 胶凝固的同时,进行预应力钢丝的截取,由于锚固装置和胶合木梁本身存在间隙和构件存在尺寸误差等原因,预应力钢丝的实际初始长度要大于按照几何关系计算得到的理论长度,否则很难正常安装到胶合木梁中。为了保证预应力钢丝的顺利安装和钢丝安装后不要过于松弛,在钢筋截取的时候,需要严格控制钢筋长度的误差。根据多次试验的经验,当预应力钢丝数量为 2 根时,两根钢丝长度均为 3 248 mm 比较适宜;当预应力钢丝数量为 4 根时,内侧的两根为 3 248 mm,外侧的两根为 3 252 mm;当预应力钢丝为 6 根时,截取的钢丝长度从内侧到外侧依次为 3 248 mm、3 252 mm 和 3 256 mm。由于预应力钢丝的形态为光圆,为了保证截取长度的精确性,同一根钢丝需要分别从钢丝光圆的内侧和外侧进行测量,取此两点的中间位置为钢丝的截断点。预应力钢丝的截取如图 3.17 所示;截取钢丝后,将钢丝穿过两端的锚固装置,然后用镦头器对钢丝的两端进行镦头。镦头的大小要视锚具口洞的大小和钢丝直径而定。根据多次试验的经验,一般镦至油表示数为 30 MPa时,镦头的大小可以保证加载阶段的安全。然后将转向块和栓杆置于跨中钢垫板上,栓杆

图 3.17　预应力钢丝的截取

的端部要求完全嵌入钢垫板上预留的孔洞中,以保证加载过程中不发生滑动和偏移。安装预应力钢丝和锚具时,先将钢丝的一端嵌入胶合木梁预留的楔形槽中,使锚固装置与端板和木梁紧密结合,再在跨中位置把钢丝嵌入转向块预留的槽内,最后将另一端的锚固装置和端板安装好,钢丝镦头及装配如图 3.18 所示;调整钢支座位置,梁试件下表面采用滚轴支座传递支座反力,将梁置于滚轴支座上,进行对中工作,保证两滚轴支座之间的净距为 3 000 mm,支座处构件外伸长度为 75 mm;装配完成后的预应力胶合木张弦梁如图 3.19 所示。

图 3.18　钢丝镦头及装配

图 3.19　预应力胶合木张弦梁

本书试验共设有三个位移计,分别在胶合木梁的两端支座和跨中位置;在预应力施加阶段,拧转螺杆,预应力钢丝与胶合木梁之间的距离逐渐增大,胶合木梁产生反拱并随着螺杆的旋转而逐渐增加,当预应力钢丝的总预应力达到 158 MPa 时,停止旋转螺杆,此时预应力胶合木张弦梁的反拱达到最大值。然后将支座、分配梁、千斤顶等试验设备放置在预应力胶合木张弦梁上,由于试验设备自重的作用,预应力胶合木张弦梁的反拱值有所下降。在胶合木梁和预应力钢丝的应变及预应力胶合木张弦梁的反拱值稳定后,开始通过千斤顶加载,按照加载制度完成弹性模量测量、弹性加载和破坏阶段的加载工作。

3.3　试验结果分析及选材建议

3.3.1　试件破坏形态及破坏机理

通过对 9 根梁试验过程和破坏特征的现象与分析,预应力胶合木张弦梁典型破坏形态大体可归纳为下面三种。

(1)受拉区层板脆断破坏。

B_3、B_6、B_8 试件由于三分点附近受弯剪共同作用而成为薄弱部位,加载过程中,梁底最外层板受拉应力最大,当达到极限拉应力时,试件发出连续的"噼、啪"声,三分点附近底层板斜向受拉开裂,继续加载后,预应力胶合木张弦梁承载力下降,裂缝进一步开展并向跨中及上层板延伸;B$_4$ 试件由于梁底受拉边存在的天然木节等缺陷,加载到一定阶段后,木节处产生裂缝,并向四周扩散,当裂缝扩散贯通时,承载力急剧下降,木梁瞬间断裂,呈脆性破坏。典型试件的破坏形态如图 3.20～3.23 所示。

图 3.20　B$_3$ 试件破坏形态图

图 3.21　B$_6$ 试件破坏形态图

图 3.22　B$_8$ 试件破坏形态图

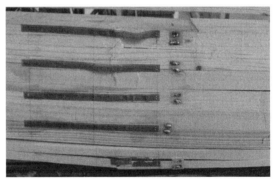

图 3.23　B$_4$ 试件破坏形态图

(2)受压木纤维屈曲破坏。

由 B$_1$、B$_2$、B$_5$ 试件破坏形态可以看出此种破坏较为理想,充分发挥了木材的抗压强度,体现了新型预应力胶合木张弦梁的优势;木梁的中和轴接近底层层板,使得木梁大部分截面处于受压状态,当达到极限荷载时,梁顶层板被压坏,然后发生梁底层板由于变形过大被拉坏的现象。典型试件的破坏形态如图 3.24～3.25 所示。

图 3.24　B_1 试件破坏形态图

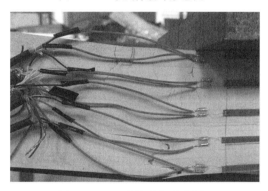

图 3.25　B_2 试件破坏形态图

（3）层板间胶合面开裂破坏。

此种破坏发生于 SPF 组合的木梁中，如试件 B_7、B_9，由于 II_c 级 SPF 性能稍优于 III_c 级 SPF，二者组坯形成的胶合木梁层板变形存在差异，受压区木材没达到极限受压破坏状态时，胶合木层板间已经开裂破坏，此种破坏是一种介于受拉脆断破坏与受压屈曲破坏之间的一种破坏形态。典型试件的破坏形态如图 3.26～3.27 所示。

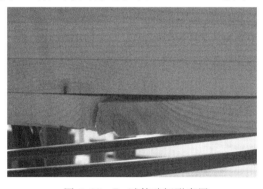

图 3.26　B_7 试件破坏形态图

施加的预应力钢丝使得胶合木梁由脆性破坏变为塑性破坏，木材的抗压强度得到了较充分的利用，且变形较大，弯曲变形情况如图 3.28 所示。卸载后跨中挠度会有一定的减小，变形有所恢复，预应力钢丝对破坏的木梁能起到承托的作用，可以防止新型预应力胶合木张弦梁发生突然垮塌的现象。

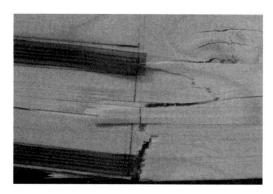

图 3.27　B_9 试件破坏形态图

图 3.28　弯曲变形情况

3.3.2　极限荷载及抗弯刚度

通过对试验所得数据进行分析,预应力胶合木张弦梁主要试验结果见表 3.3,包括极限荷载、抗弯刚度及跨中挠度等指标。

表 3.3　主要试验结果

组号	试件编号	极限荷载 P_u/kN	抗弯刚度 E/MPa	跨中挠度/mm
1	B_1	53.06	54 175	88.78
	B_2	25.75	24 980	105.42
	B_3	28.50	31 965	77.25
	B_4	28.11	23 802	78.22
2	B_5	27.64	37 110	92.70
	B_1	53.06	54 175	88.78
	B_6	55.89	40 245	67.71
3	B_7	24.83	26 988	64.91
	B_8	20.72	18 794	63.71
	B_9	26.14	28 200	88.53

根据表 3.3 所得试验数据,分别研究树种类别、层板厚度和组坯方式对预应力胶合木

张弦梁受弯性能的影响,从而优选出适用于施加预应力的胶合木组合形式。

(1)材料不同的预应力胶合木张弦梁受弯性能对比分析。

由图3.29~3.30可以看出,在东北落叶松、杨木、Ⅱ。级SPF及Ⅲ。级SPF四种木材中,由东北落叶松制作的新型预应力胶合木张弦梁抗弯性能明显优于其他三种木材,相对于Ⅱ。级SPF,其极限荷载及抗弯刚度分别提高了86.18%和69.48%,相比于杨木,其极限荷载和抗弯刚度分别提高了106.06%和116.87%,相比于Ⅲ。级SPF,其极限荷载和抗弯刚度分别提高了88.86%和127.61%。

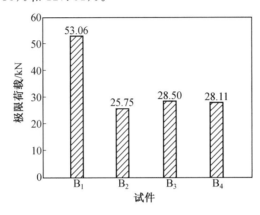

图3.29 第1组试件极限荷载柱状图

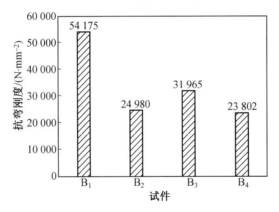

图3.30 第1组试件抗弯刚度柱状图

(2)层板厚度不同的预应力胶合木张弦梁受弯性能对比分析。

由图3.31~3.32可知,随着层板厚度的减小,木材缺陷更加分散,材质分布均匀,使得预应力胶合木张弦梁受弯性能相应提高,9层板相对于7层板而言,其极限荷载提高了5.33%,提高的幅值不明显,较5层板具有很明显的提高,其极限荷载及抗弯刚度分别提高了102.21%和8.44%。

(3)组坯方式不同的预应力胶合木张弦梁受弯性能对比分析。

由图3.33~3.34可知,置于两边布置的预应力胶合木张弦梁较间隔布置的极限荷载及抗弯刚度分别提高了26.15%和50.04%,置于两边与置于一边布置的试验结果相差不大,可见组坯方式对预应力胶合木张弦梁的影响不大,间隔布置能够使木材缺陷分散均匀,置于两边及置于一边容易发生胶合面开裂破坏,导致木材的受弯性能未能充分发挥。

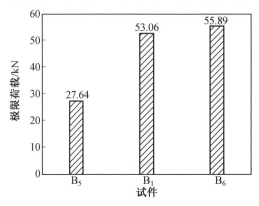

图 3.31　第 2 组试件极限荷载柱状图

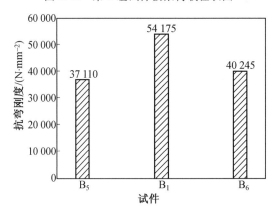

图 3.32　第 2 组试件抗弯刚度柱状图

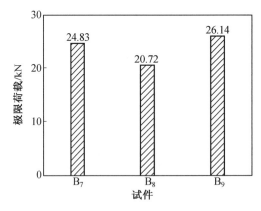

图 3.33　第 3 组试件极限荷载柱状图

3.3.3　选材建议

经过对这 9 根预应力胶合木张弦梁受弯试验的研究,分别从各个试件的破坏形态、极限荷载、抗弯刚度及跨中挠度入手,依次对比了不同材料类型、不同层板厚度及不同组坯方式的新型预应力胶合木张弦梁的受弯性能,进而从选材层板上优选出适用于施加预应

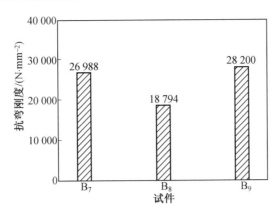

图 3.34　第 3 组试件抗弯刚度柱状图

力钢丝的胶合木结构形式。

　　结果表明:采用东北落叶松制作的新型预应力胶合木张弦梁具有较高的抗弯承载能力,受弯性能随着层板厚度的减小呈现递增趋势,置于两边的组坯方式受弯性能最好,但易发生胶合面开裂破坏;施加预应力后的胶合木梁破坏时表现出明显的塑性破坏特征。

　　为此,建议后续深入研究预应力胶合木张弦梁选取东北落叶松这种木材,受压区层板厚度宜采用 7 层板,为了避免发生胶合面开裂破坏,建议采用间隔布置的组坯方式。

3.4　本章小结

　　本章针对非预应力胶合木梁多数表现为梁底受拉的脆性破坏,采用自行研制的螺杆顶升张拉装置,提出了一种新型钢木组合构件——预应力胶合木张弦梁,并制作了 9 根试件进行受弯试验,从选材层面上研究其抗弯性能。结果表明:预应力胶合木张弦梁三种典型的破坏形态分别为受拉区层板脆断破坏、受压木纤维屈曲破坏和层板间胶合面开裂破坏,预应力钢丝对破坏的胶合木梁能起到承托的作用,可以防止胶合木梁发生突然垮塌的现象;相对于杨木、Ⅱ级 SPF 和Ⅲ级 SPF,由东北落叶松制作的预应力胶合木张弦梁具有较高的抗弯承载能力;随着层板厚度的减小,木材缺陷更加分散,材质分布均匀,使得梁的受弯性能相应提高;组坯方式对梁的影响不大,为避免胶合木开裂破坏,间隔布置效果相对较好。经综合考虑,建议选择层板厚度为 20 mm 的东北落叶松作为预应力胶合木张弦梁的选材。

第4章　胶合木张弦梁短期
受弯性能试验研究

4.1　材性试验

对预应力胶合木张弦梁进行长期加载试验后需对试验结果进行分析,总结出预应力钢丝数量和总预加力数值对预应力胶合木张弦梁跨中挠度的影响规律,在分析过程中需要用到胶合木的相关力学参数。此外,胶合木材在生产加工的过程中,由于所用木材的龄期和生长环境不同,造成胶合度存在差异,加工过程中的温湿度、压力不同,所以不同批次生产出来的胶合木材的力学性能(例如弹性模量、极限抗压强度等)存在着差异。因此,在进行预应力胶合木张弦梁的长期加载试验之前,必须进行同批次材料的相关力学性能试验来获得后续试验所需要材料的基本力学参数。

4.1.1　胶合木棱柱体试块受压试验

详见第 2 章胶合木棱柱体试块受压性能试验研究,此处不再赘述。

4.1.2　预应力钢丝受拉试验

与上述同理,预应力胶合木张弦梁长期加载试验后,在对试验数据进行分析时,需要用到预应力钢丝的抗拉强度、弹性模量等相关力学参数。因此,有必要对试验用预应力钢丝进行抗拉试验,以确定其实际抗拉强度和弹性模量。

1.试验过程

按照《金属材料 室温拉伸试验方法》(GB/T 228.1—2010)中的要求,截取 6 根长度为 $L=200$ mm、标距为 $L_0=10d=70$ mm 的预应力钢丝进行抗拉试验,抗拉试验用预应力钢丝如图 4.1 所示。

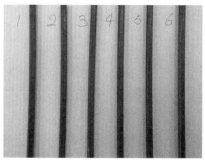

图 4.1　抗拉试验用预应力钢丝

试验加载设备为 WDW－100 万能试验机,如图 4.2 所示,整个试验的试验数据可直接由 WDW－100 万能试验机进行采集。将试验用预应力钢丝按编号顺序依次安装到试验机上进行拉伸试验,预应力钢丝加载图如图 4.3 所示。

图 4.2　WDW－100 万能试验机　　　　图 4.3　预应力钢丝加载图

用位移控制加载进程,加载速度为 2 mm/min,目标位移量为 10 mm,达到目标位移量后,即停止加载。每个试件的试验时间都控制在 5~20 min 完成。

试件破坏后及时保存试验数据,对试件进行拍照,取下试件,按编号放置于对应位置,并做好相关记录。

2.试验结果及分析

拉伸试验后,预应力钢丝的破坏形式如图 4.4 所示。

(a) 单根预应力钢丝破坏图　　　　(b) 6根预应力钢丝破坏图

图 4.4　预应力钢丝破坏形式

对试验数据进行整理,得到预应力钢丝抗拉试验的 6 组数据,其应力－应变曲线如图 4.5 所示。

根据后续试验的使用要求对本书试验各组数据的平均值、标准差和变异系数进行计算,各试件的试验数据见表 4.1。其中,表中平均值、均方差和变异系数的计算方法分别参照式(4.1)~(4.3)计算。

平均值计算公式:

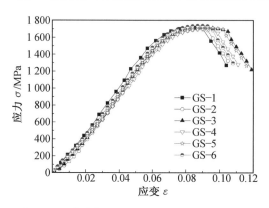

图 4.5　预应力钢丝抗拉试验应力－应变曲线

$$\overline{x} = \frac{1}{n}\sum_{i=1}^{n} x_i \tag{4.1}$$

均方差计算公式：

$$s = \sqrt{\frac{1}{n-1}\sum_{i=1}^{n}(x_i - \overline{x})^2} \tag{4.2}$$

变异系数计算公式：

$$C_v = s/\ |\ \overline{x}\ | \tag{4.3}$$

表 4.1　预应力钢丝抗拉强度试验数据

项目	试块编号						平均值	均方差	变异系数
	GS－1	GS－2	GS－3	GS－4	GS－5	GS－6			
极限荷载/kN	66.13	65.35	66.14	65.88	66.28	67.02	66.13	0.545	0.008
极限拉应力/MPa	1 719.2	1 698.9	1 719.4	1 712.6	1 723.1	1 742.3	1 719.25	14.17	0.008
弹性模量 /($\times 10^5$ MPa)	2.17	2.02	2.14	2.00	2.12	2.11	2.09	0.068	0.033

　　从图 4.5 和表 4.1 中可以看出,6 组试件的曲线变化形式较吻合,说明该批试件的力学性能比较稳定,其试验结果可信度较高,可以作为后续分析数据和提出建议性计算公式的依据。

4.2　预应力胶合木张弦梁短期受弯性能试验研究

　　上一章采用自行研发的螺杆顶升张拉装置构建了一种新型预应力胶合木张弦梁,基于选材目的进行了 9 根梁的受弯试验,给出了选材建议。接下来将采用层板厚度为 20 mm 的东北落叶松,制成普通层板胶合木(本书中的胶合木梁均为普通层板胶合木),进而形成新型的预应力胶合木张弦梁,进行短期受弯性能试验,主要研究预应力钢筋数量和预加力数值大小对梁的破坏形态、荷载－挠度关系曲线以及截面应变的影响。

4.2.1 试验概况

本试验共分 A、B、C 三个系列,其中 A 系列试验用来研究预应力钢丝数量对梁受弯性能的影响,B 系列试验用来研究预加力数值大小对梁受弯性能的影响,C 系列试验用来研究非预应力胶合木梁与预应力胶合木张弦梁的差异。A、B 两个系列的试验共用 12 组试件,每组试件有 3 根梁,合计 36 根预应力胶合木张弦梁;C 系列试验有 3 组试件,每组试件有 3 根梁,合计 9 根非预应力胶合木梁。

预应力胶合木张弦梁的编号为 B_{m-n},其中 m 表示预加力数值,当 m 为 0、1、2 和 3 时,分别表示总预加力为 0、3.077 kN、6.154 kN 和 9.232 kN;n 表示预应力钢丝数量,当 n 为 1、2 和 3 时,分别表示预应力钢丝数量为 2 根、4 根和 6 根。非预应力胶合木梁的编号为 B_h,其中 h 表示胶合木梁截面的高度。

A 系列试验数据控制预加力数值大小为定量,共设定 0、3.077 kN、6.154 kN 和 9.232 kN 四个不同的预加力水平,每个预加力水平下,预应力钢丝数量为变量,包括预应力钢丝根数分别为 2 根、4 根和 6 根的三组预应力胶合木张弦梁,通过对每个预加力水平下的三组梁进行对比,研究预应力钢丝数量对预应力胶合木张弦梁承载能力、破坏形态和变形性能的影响,A 系列试件基本信息见表 4.2。

表 4.2　A 系列试件基本信息

梁编号	规格 /(mm×mm×mm)	数量 /根	总预加力/kN	钢筋平均应变/με	钢筋平均应力/MPa	预应力钢丝根数
B_{0-1}				0	0	2
B_{0-2}	100×100×3 150	3	0	0	0	4
B_{0-3}				0	0	6
B_{1-1}				200	40	2
B_{1-2}	100×100×3 150	3	3.077	100	20	4
B_{1-3}				67	13.4	6
B_{2-1}				400	80	2
B_{2-2}	100×100×3 150	3	6.154	200	40	4
B_{2-3}				133	26.8	6
B_{3-1}				600	120	2
B_{3-2}	100×100×3 150	3	9.232	300	60	4
B_{3-3}				200	40	6

B 系列试验数据控制预应力钢丝数量为定量,共设定预应力钢丝根数为 2 根、4 根和 6 根三个钢筋数量级别。每个钢筋数量级别下预加力大小为变量,包括预加力分别为 0、3.077 kN、6.154 kN 和 9.232 kN 四个不同预加力水平的四组预应力胶合木张弦梁,通过对每个钢筋数量级别下的三组梁进行对比,研究预加力数值大小对预应力胶合木张弦梁承载能力、破坏形态和变形性能的影响,B 系列试件基本信息见表 4.3。

表 4.3 B 系列试件基本信息

梁编号	规格 /(mm×mm×mm)	数量 /根	总预加力 /kN	钢筋平均 应变/μɛ	钢筋平均应力 /MPa	预应力 钢丝根数
B_{0-1}			0	0	0	
B_{1-1}	100×100×3 150	3	3.077	200	40	2
B_{2-1}			6.154	400	80	
B_{3-1}			9.332	600	120	
B_{0-2}			0	0	0	
B_{1-2}	100×100×3 150	3	3.077	100	20	4
B_{2-2}			6.154	200	40	
B_{3-2}			9.332	300	60	
B_{0-3}			0	0	0	
B_{1-3}	100×100×3 150	3	3.077	67	13.4	6
B_{2-3}			6.154	133	26.8	
B_{3-3}			9.332	200	40	

为了评估预应力在胶合木梁中发挥的作用,本试验设置了非预应力胶合木梁试验,与 A、B 系列预应力胶合木梁进行对比。非预应力胶合木梁试件截面尺寸分别为 100 mm×100 mm、125 mm×125 mm 和 150 mm×150 mm。其中,截面为 100 mm×100 mm 的梁用于与预应力胶合木张弦梁进行承载力的对比,以达到量化地评价预应力钢丝数量和预加力数值大小对胶合木张弦梁承载能力的影响。同时对截面为 125 mm×125 mm 和 150 mm×150 mm 的非预应力胶合木梁进行试验,根据试验所得到的非预应力胶合木梁的承载能力反算与预应力胶合木张弦梁承载力相同时所需非预应力胶合木梁的截面大小,从而得到承载能力相同时,预应力胶合木张弦梁可节约木材的体积,根据胶合木和预应力钢丝的市场价格,考虑张拉锚固装置的成本,对预应力胶合木张弦梁的经济型有一个总体的评价。非预应力胶合木梁试件基本信息见表 4.4。

表 4.4 非预应力胶合木梁试件基本信息

梁编号	规格/(mm×mm×mm)	数量/根	总预加力 /kN	预应力 钢丝根数
B_{100}	100×100×3 150			
B_{125}	125×125×3 150	3	0	0
B_{150}	150×150×3 150			

本试验共包括 45 根胶合木梁,其中有 36 根为配置预应力钢丝的梁,配置预应力钢丝梁的截面尺寸为 100 mm×100 mm,长度为 3 150 mm,预应力胶合木张弦梁如图 4.6 所示,木材的顺纹方向为梁跨方向;9 根为未配置预应力筋的非预应力胶合木梁,其加工图

如图 4.7 所示。所有梁和试件的选材均为东北落叶松,所有预应力筋均为直径为 7 mm 的低松弛 1 570 级预应力钢丝。

图 4.6　预应力胶合木张弦梁

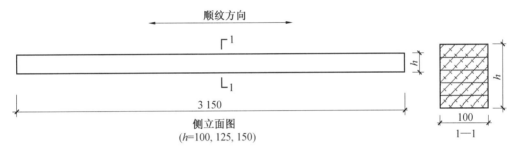

图 4.7　非预应力胶合木梁加工图

本试验试件的加工制作、试验装置、加载制度、应变片的布置和数据采集及试验步骤参见 3.2 节。

4.2.2　预应力钢丝数量对预应力胶合木张弦梁受弯性能的影响

1.胶合木梁的破坏判别标志

本试验根据胶合木梁在加载过程中所表现出的性能,结合混凝土梁和钢梁破坏的判别标准,将胶合木梁的破坏标志确定为以下三种情况,满足其中的一条,即视为胶合木梁已经失效。

(1)胶合木的层板间由于开胶产生明显的通长纵向裂缝,或木梁底部在加载过程中木纤维被拉断产生横向的裂缝并沿梁截面高度有一定的延伸。

(2)在加载过程中,胶合木梁梁身并没有明显的开胶、裂缝等破坏,但利用千斤顶加载时,胶合木梁自身变形所造成的卸载速度大于千斤顶的加载速度,即虽然在加载,但施加在胶合木梁上的力却不断减小,无法继续对梁进行有效的加载试验。

(3)在加载过程中,胶合木梁梁身并没有明显的开胶、裂缝等破坏,挠度也没有明显增大,但总挠度值过大,超过了梁跨度的 1/50。

2.极限荷载及破坏形态

按照 3.2 节的试验步骤和方法对胶合木梁施加预应力结束后,待胶合木梁和预应力钢丝的应变及预应力胶合木梁的反拱值稳定时,开始进行竖向加载。在千斤顶加载的初期,预应力胶合木张弦梁的反拱随着加载逐渐减小,慢慢产生向下的挠度,并随着千斤顶的加载而增大。当加载到某个瞬间时,胶合木梁会产生一声巨大的声响,本试验中,将此时的荷载称为胶合木梁的开裂荷载。从开始施加预应力到达到开裂荷载之前的整个过程中,部分梁会出现细小的褶皱,但无明显的开胶和开裂。胶合木梁有短暂而微小的声响,一般是张拉锚固设备和加载设备与梁接触不够紧密所致。由于试验过程中预应力钢丝的拉应力不是很大,所以端部的锚具受力也不大,锚具在试验中未发生任何异样现象。另外,由于胶合木两端的楔形槽尺寸较大,预应力钢丝在楔形槽中并未与胶合木发生横纹挤压,所以预应力钢丝也未对胶合木横纹造成受压影响。

达到开裂荷载后,一部分梁发生沿梁纵向的大面积开胶,另一部分梁底部的木纤维直接拉断,这两部分的梁此时已经破坏。还有一部分梁达到开裂荷载后,只是在局部起褶,并无明显的失效迹象,可以继续加载。从试验的现象来看,胶合木梁的破坏形态主要有三种。为更形象地表述这三种破坏形态,从每种破坏形态的梁中选取一根典型的梁,将试验现象和破坏形态在下文中进行详细的描述。

(1)$B_{0,1-2}$为胶层开裂破坏,梁身没有明显的木节和裂纹。在前期加载过程中并无明显的褶皱和裂缝产生,当加载至 22.1 kN 后产生巨大的开裂声音,胶合木梁的第三、四层板之间产生了明显的通常开胶裂缝,同时千斤顶的反力值迅速减小。虽然木梁没有完全断裂开,但是在后续加载过程中,荷载值持续减小,梁的挠度快速增长,从前面的破坏判别标准来看,该梁已经失效,$B_{0,1-2}$局部破坏详图和卸载后变形情况如图 4.8~4.9 所示。

图 4.8　$B_{0,1-2}$局部破坏详图

图 4.9　$B_{0,1-2}$卸载后变形情况

(2)$B_{0,1-3}$为梁底纤维拉断破坏,梁身的三分点处有木节存在。在前期加载过程中并无明显的褶皱和裂缝产生,当加载至 17.08 kN 后产生巨大的开裂声音,胶合木梁梁身三分点木节处出现第一条明显裂缝,同时千斤顶的反力值减小。当继续加载至 19.18 kN

时,梁身产生第二声巨大声响,千斤顶反力值急剧减小。三分点处原有的裂缝开展,并且产生了新的裂缝,同时梁身的另一侧也产生裂缝,并随着加载的进行,两侧的裂缝逐渐贯通。在后续加载过程中,荷载值持续减小,梁的挠度快速增长,从前面的破坏判别标志来看,该梁已经失效,$B_{0,1-3}$第一条裂缝产生后的整体变形、裂缝开展及衍生后的整体变形和局部破坏详图如图 4.10~4.12 所示。

图 4.10 $B_{0,1-3}$第一条裂缝产生后的整体变形

图 4.11 $B_{0,1-3}$裂缝开展及衍生后的整体变形

(a) 第一条裂缝

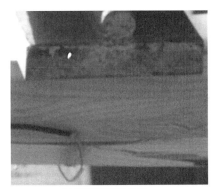

(b) 裂缝开展及衍生

(c) 梁底裂缝贯通情况

图 4.12 $B_{0,1-3}$局部破坏详图

(3)$B_{3,2-3}$为梁顶纤维压坏破坏,在梁身的三分点处,梁底位置有木节存在。在初期加载过程中,胶合木梁梁身三分点梁顶处出现第一条褶皱,但并不明显。随着加载的进行,

褶皱逐渐开展,向梁底部的层板发生明显的延伸,而千斤顶的反力值并没有明显的增加。当继续加载至 24.3 kN 时,胶合木张弦梁产生第一声巨大声响,千斤顶反力值骤然减小,此时三分点处木节处产生裂缝。停止加载,在持荷过程中,千斤顶反力值持续下降,裂缝和褶皱继续开展,同时梁的挠度也明显地增大。在梁的荷载和变形稳定后,极速对其进行加载,虽然千斤顶在对梁施加更大的力,但采集到的反力值持续减小,梁的挠度快速增长,从前面的破坏判别标准来看,该梁已经失效,$B_{3,2-3}$ 局部破坏详图如图 4.13 所示。

(a) 褶皱产生　　　　　　　　　　　(b) 褶皱开展

(c) 裂缝产生　　　　　　　　　　　(d) 梁底裂缝开展

图 4.13　$B_{3,2-3}$ 局部破坏详图

对于纯木梁和配置预应力钢丝较少的梁,一般有两种破坏形态:层板开胶破坏和三分点木梁底处木材直接拉断破坏,这两种破坏的发生均较为突然,没有明显的先兆,延性较差。造成这两种破坏的原因是:对于纯木梁和配置预应力钢丝数量较少的预应力胶合木张弦梁,截面上的受力不均匀,而且大部分的拉力需要木梁自身承担,当层板间的剪应力达到胶黏强度时,层板就会断开。如果梁底有木节等缺陷存在时,梁底的木纤维就会直接被拉断。层板开胶破坏形态和三分点处受拉破坏形态如图 4.14～4.15 所示。

而配置预应力钢丝较多或预加力较大的梁一般是先在三分点处木梁顶部起褶。随着加载,木梁的木节和胶层等薄弱处多处出现裂纹和褶皱,达到开裂荷载以后,裂缝和褶皱随着加载继续开展,直到最后三分点处木梁底纤维拉断破坏,破坏显示出明显的先兆,具有良好的延性。这是因为当配置较多的预应力钢丝时,木梁截面的中和轴下移,高强胶合木梁截面上的拉应力主要由预应力钢丝承担,胶合木梁主要承担压应力,而木材在压力作用下表现出的强度和延性明显优于其在拉力作用下的表现。木梁起褶或纤维拉断破坏形态如图 4.16 所示。

图 4.14　层板开胶破坏形态

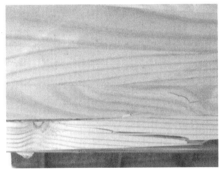

图 4.15　三分点处受拉破坏形态

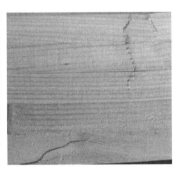

图 4.16　木梁起褶或纤维拉断破坏形态

预应力钢丝数量对梁承载力和破坏形态的影响见表 4.5。

表 4.5　预应力钢丝数量对梁承载力和破坏形态的影响

预加力/ kN	梁编号	预应力 筋根数	开裂荷载 /kN	极限荷载 /kN	各破坏形态梁数 （开胶/拉坏/压坏）
0	B_{0-1}	2	17.827	18.527	1/2/0
	B_{0-2}	4	18.240	19.333	1/2/0
	B_{0-3}	6	21.880	21.880	1/0/2
3.077	B_{1-1}	2	21.017	21.017	1/2/0
	B_{1-2}	4	23.610	23.610	1/1/1
	B_{1-3}	6	24.060	24.060	1/1/1
6.154	B_{2-1}	2	17.550	20.150	1/2/0
	B_{2-2}	4	23.000	23.923	0/0/3
	B_{2-3}	6	24.113	24.113	2/0/1
9.232	B_{3-1}	2	21.000	22.845	1/0/2
	B_{3-2}	4	23.940	23.940	0/0/3
	B_{3-3}	6	24.673	25.273	0/0/3
0	B_{100}	0	7.800	7.800	3/0/0
	B_{125}	0	10.400	10.400	3/0/0
	B_{150}	0	36.667	36.667	3/0/0

　　注：表中所述"开胶"为胶层开裂破坏，"拉坏"为在三分点处梁底木纤维直接拉断破坏，"压坏"为胶合木顶部起褶进而三分点底部木材纤维拉断的破坏

　　试验结果表明：预加力相同时，随着配置预应力钢丝数量的增加，预应力木梁可承担的极限荷载有所增加，梁的破坏形态整体由开胶或三分点木梁底处木材直接拉断的脆性破坏开始，逐渐趋于多处出现褶皱后三分点处木梁底纤维拉断延性破坏。

3. 荷载－挠度关系曲线

　　本试验中共设有三个位移计，分别在胶合木梁的两端支座和跨中位置。千斤顶加载的过程中，两端的支座产生向下的位移，跨中产生向下的挠度。当加载到某一荷载等级时，取荷载稳定后跨中得到的挠度值与两端支座位移平均值之差，即得到该级荷载对应的挠度值，依次求得各个荷载等级对应的挠度。每组梁中取一根较为典型的梁，得到荷载－挠度曲线，如图 4.17 所示。

　　由图 4.17 可知，随着预应力钢丝数量的增加，荷载－挠度曲线的斜率和曲线峰值变大。试验结果证明：预应力钢丝根数增多时，梁的刚度也随之提高，在施加外荷载相同的情况下，配置预应力钢丝数量多的梁变形更小；预应力钢丝数量越多，预应力胶合木张弦梁的极限荷载越大。当预加力数值相同时，随预应力钢丝数量增加，梁的承载力增大，与配置 2 根预应力钢丝的梁相比，配置 4 根预应力钢丝时，承载力增大 4.2% ～18.7%，配置 6 根预应力钢丝时，承载力增大 10.6% ～19.7%。

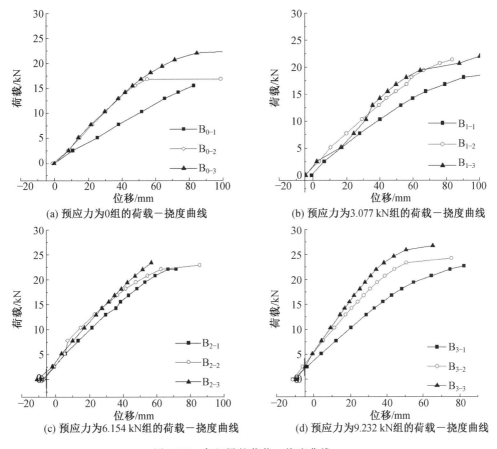

图 4.17　各组梁的荷载－挠度曲线

4. 截面应变分析

为了更准确地体现破坏前跨中位置胶合木梁截面和预应力钢丝的受力及变形情况，以应变作为 x 轴，以梁高度作为 y 轴（其中 $y=0$ 位置为胶合木底边），选取梁破坏前一级荷载加载稳定后截面的应变值，得到各梁的截面应变曲线，如图 4.18 所示。

由图 4.18 可知，随着预应力钢丝数量增加，预应力胶合木张弦梁的中和轴下移，破坏前截面受压区域就越大，最大压应变越小，对于配置 6 根预应力钢丝木梁，在破坏前基本已经达到了全截面受压状态，充分地利用了木材的抗压强度，实现了预应力木梁使木材受压、预应力钢丝受拉的理想受力状态。

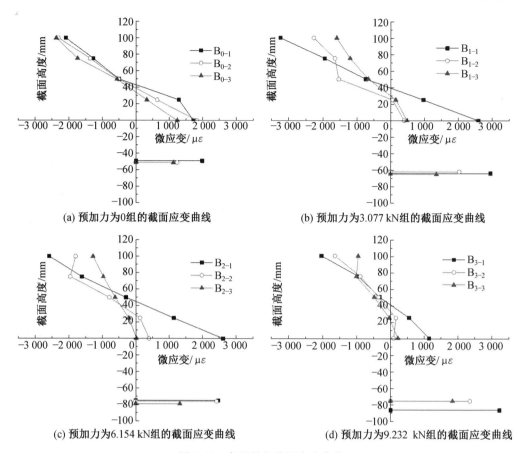

图 4.18　各组梁的截面应变曲线

4.2.3　预加力数值大小对预应力胶合木张弦梁受弯性能的影响

1. 极限荷载及破坏形态

预应力钢丝值对梁承载力和破坏形态的影响见表 4.6。表中开裂荷载为 4.2.2 节所述情况(1)时所对应的荷载值,极限荷载为荷载—挠度曲线峰值点对应的荷载值。

表 4.6　预应力钢丝值对梁承载力和破坏形态的影响

组别 (预加筋数)	梁编号	预加力 /kN	开裂荷载 /kN	极限荷载 /kN	各破坏形态梁数 (开胶/拉坏/压坏)
2	B_{0-1}	0	17.827	18.527	1/2/0
	B_{1-1}	3.777	21.017	21.017	1/2/0
	B_{2-1}	6.154	17.550	20.150	1/2/0
	B_{3-1}	9.232	21.000	22.845	1/0/2

续表 4.6

组别 (预加筋数)	梁编号	预加力 /kN	开裂荷载 /kN	极限荷载 /kN	各破坏形态梁数 (开胶/拉坏/压坏)
4	B_{0-2}	0	18.240	19.333	1/2/0
	B_{1-2}	3.777	23.610	23.610	1/1/1
	B_{2-2}	6.154	23.000	23.923	0/0/3
	B_{3-2}	9.232	23.940	23.940	0/0/3
6	B_{0-3}	0	21.880	21.880	1/0/2
	B_{1-3}	3.777	24.060	24.060	1/1/1
	B_{2-3}	6.154	24.113	24.113	2/0/1
	B_{3-3}	9.232	24.673	25.273	0/0/3
0	B_{100}	0	7.800	7.800	3/0/0
	B_{125}	0	10.400	10.400	3/0/0
	B_{150}	0	36.667	36.667	3/0/0

注:表中所述"开胶"为胶层开裂破坏,"拉坏"为在三分点处梁底木纤维直接拉断破坏,"压坏"为胶合木顶部起褶进而三分点底部木材纤维拉断的破坏

对于预加力值较小的梁,一般为层板开胶破坏和三分点木梁底处木材直接拉断破坏,破坏的到来均较为突然,延性较差。其原因是:预加力较小时,截面上的受力不均匀,而且大部分的荷载需要木梁自身承担,当层板间的剪应力达到胶黏强度时,层板就会断开,如果梁底有木节等缺陷存在,梁底的木纤维就会先被拉断。而预加力较大时,由于预加力作用,木梁截面的中和轴下移,预应力胶合木张弦梁截面上的拉应力主要由预应力钢丝承担,胶合木梁主要承担压应力,而木材在压力作用下表现出的强度和延性明显优于其在拉力作用下的表现。所以,预加力较大的梁一般是先在三分点处木梁顶部起褶,随着加载,木梁的木节和胶层等薄弱处多处出现裂纹和褶皱,达到开裂荷载以后,裂缝和褶皱随着加载继续开展,直到最后三分点处木梁底纤维拉断破坏,破坏显示出明显的先兆,具有良好的延性。

试验结果表明:随着预加力的增加,预应力木梁可承担的极限荷载有所增加,梁的破坏形态也整体由开胶或三分点木梁底处木材直接拉断的脆性破坏,逐渐趋于多处出现褶皱后三分点处木梁底纤维拉断延性破坏。

2. 荷载—挠度关系及截面应变分析

保持预应力钢丝数量不变时,各组梁的荷载—挠度曲线如图 4.19 所示。

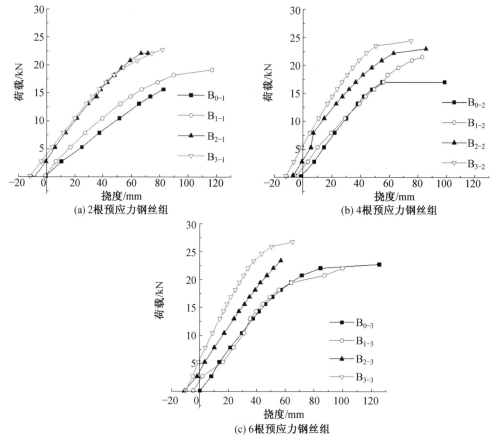

图 4.19　各组梁的荷载－挠度曲线

当预应力钢丝根数相同时,随预加力大小增加,梁的承载力增大,与预加力为 0 的梁相比,预加力为 30.77 kN 时,承载力增大 10.4%~22.2%;预加力为 6.154 kN 时,承载力增大 8.4%~23.8%;预加力为 9.332 kN 时,承载力增大 15.8%~23.8%;外荷载相同时,预加力大的梁变形更小;当预应力钢丝数量相同时,随预加力数值增加,梁的承载力、刚度均增大。

试验梁的截面应变曲线如图 4.20 所示,随着预应力的增加,梁在破坏前截面受压区域增大,对于预加力为 9.232 kN 的梁,破坏时基本达到了全截面受压状态。由此可知,预加力对胶合木梁的受力状态具有很大的影响,预应力胶合木梁能够更好地发挥出木材良好的抗压性能,大大地提高木材的利用率。

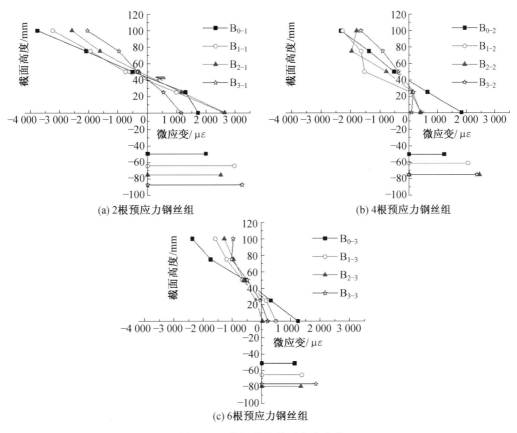

图 4.20　各组梁的截面应变曲线

4.2.4　预应力作用效果及经济性分析

1.预应力对胶合木梁承载能力的影响

为了更直观地体现预应力对胶合木梁承载能力的影响,取各组试验梁的极限荷载平均值,将该值扣除 B_{100} 组的极限荷载平均值后得到荷载增量。取荷载增量与 B_{100} 组的极限荷载平均值的比值作为衡量预应力对胶合木梁影响大小的标准,即表 4.7 中的"荷载增幅"。

表 4.7　预应力胶合木张弦梁与等截面胶合木梁极限荷载对比

组别	B_{0-1}	B_{0-2}	B_{0-3}	B_{1-1}	B_{1-2}	B_{1-3}	B_{2-1}	B_{2-2}	B_{2-3}	B_{3-1}	B_{3-2}	B_{3-3}
荷载增幅/%	138	148	180	169	203	209	158	207	209	193	207	224

由表 4.7 可知,同样截面的胶合木梁,配置了预应力钢丝后,梁的极限荷载可提高 $138\% \sim 224\%$。

2. 预应力对胶合木梁变形性能的影响

三组非预应力胶合木梁与预加力为 9.232 kN 组的预应力胶合木张弦梁的荷载—位移曲线如图 4.21 所示。同 B_{100} 组的梁相比，预应力胶合木张弦梁的荷载—挠度曲线斜率更大，即由于预应力钢丝的作用，胶合木梁的抗弯刚度有了明显的提高。此外，预应力的施加使梁在加载前产生向上的反拱，加载的前期，反拱抵消了一部分加载引起的挠度，所以在荷载相同的情况下，预应力胶合木张弦梁产生的总体变形远小于同等截面非预应力胶合木梁所产生的变形。

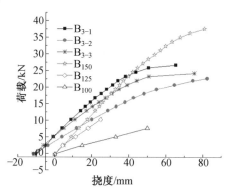

图 4.21 非预应力胶合木梁与预加力为 9.232 kN 组的预应力胶合木张弦梁的荷载—位移曲线

3. 预应力对胶合木梁破坏形态的影响

配置预应力钢丝越多、预加力越大，梁在破坏之前的褶皱和裂缝越明显，越容易发生延性破坏。在 4.2.2 节和 4.2.3 节已经进行了详细描述，此处不再赘述。

4. 预应力胶合木张弦梁的经济性评价

根据各组预应力胶合木张弦梁极限荷载的平均值反算出各极限荷载对应的非预应力胶合木梁的截面尺寸，计算承载能力相同时，预应力胶合木张弦梁可节约木材的体积。根据胶合木材和预应力钢丝的市价，考虑张拉锚固装置的成本，对预应力胶合木张弦梁的经济性进行评估。假定所有胶合木梁梁宽均为 100 mm，梁高为变量。胶合木市价按13 500 元/m³ 计，钢丝和锚固装置共计 100 元。预应力胶合木张弦梁经济性评估见表 4.8。

表 4.8 预应力胶合木张弦梁经济性评估

组别	B_{0-1}	B_{0-2}	B_{0-3}	B_{1-1}	B_{1-2}	B_{1-3}	B_{2-1}	B_{2-2}	B_{2-3}	B_{3-1}	B_{3-2}	B_{3-3}
极限荷载/kN	18.5	19.3	21.9	21.0	23.6	24.1	20.2	23.9	24.1	22.8	23.9	25.3
计算梁高/mm	154	157	168	164	174	176	161	175	176	171	175	180
节约木材/%	35.1	36.4	40.3	39.1	42.5	43.1	37.9	42.9	43.1	41.5	42.9	44.5
节约成本/%	20	21	26	25	29	30	23	29	30	28	29	31

由表 4.8 可知，与非预应力胶合木梁相比，承载力相同时，预应力胶合木张弦梁可节

约木材 35.1%～44.5%,节约成本 20%～31%。

4.2.5　预应力胶合木张弦梁受弯承载力计算公式的建立

1.荷载－应变曲线

图 4.22～4.26 给出了 15 组试件的荷载－应变曲线,左侧为受压区,右侧为受拉区。试件在整个加载过程中,各层板及预应力钢丝的应变随着荷载的增加呈线性变化,达到极限状态时,受压区与受拉区木纤维应变呈非线性变化,各层板的拉压应变向中间靠拢,随后试件破坏。跨中胶合木顶木材的最大压应变一般为 2 000～4 000 $\mu\varepsilon$,胶合木底木材的最大拉应变一般为 1 000～2 000 $\mu\varepsilon$,预应力钢丝的最大拉应变一般为 2 000～4 000 $\mu\varepsilon$。在预加力大小相同的情况下,预应力胶合木张弦梁配置的预应力钢丝数量增多,木材的最大拉应变和最大压应变均减小;预应力钢丝数量相同的情况下,随着预加力值的增大,木材的最大拉压应变减小;尤其针对 B_{3-3} 木梁,在配置 6 根预应力钢丝的前提下,当施加 9.232 kN 的预加力时,整个胶合木基本处于全截面受压状态,各层板应力分布较为均匀,达到了预期目标。

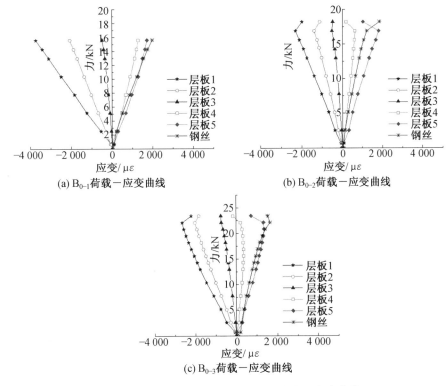

图 4.22　预应力为 0 组跨中截面荷载－应变曲线

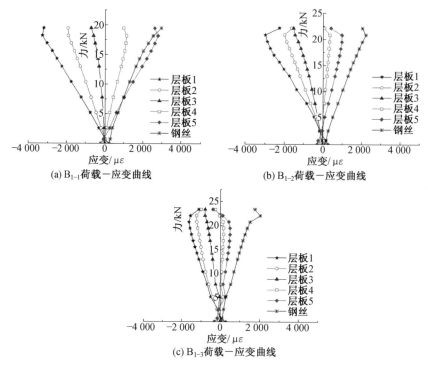

(a) B_{1-1}荷载－应变曲线　　(b) B_{1-2}荷载－应变曲线

(c) B_{1-3}荷载－应变曲线

图 4.23　预应力为 3.077 kN 组跨中截面荷载－应变曲线

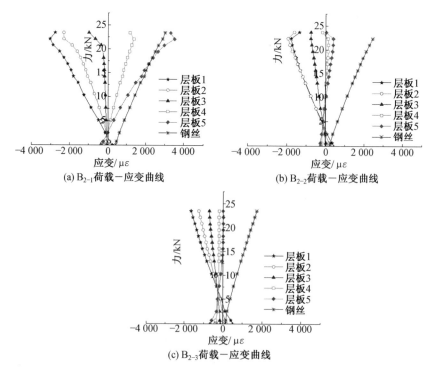

(a) B_{2-1}荷载－应变曲线　　(b) B_{2-2}荷载－应变曲线

(c) B_{2-3}荷载－应变曲线

图 4.24　预应力为 6.154 kN 组跨中截面荷载－应变曲线

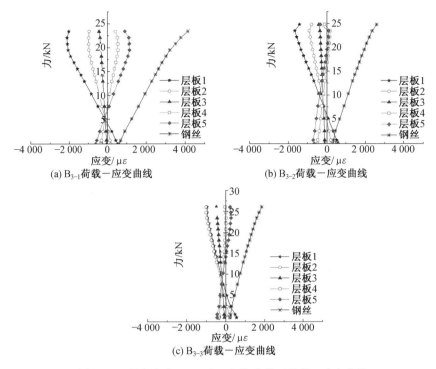

(a) B₃₋₁荷载－应变曲线　　(b) B₃₋₂荷载－应变曲线

(c) B₃₋₃荷载－应变曲线

图 4.25　预应力为 9.232 kN 组跨中截面荷载－应变曲线

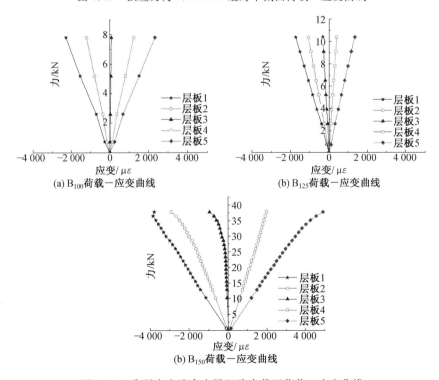

(a) B₁₀₀荷载－应变曲线　　(b) B₁₂₅荷载－应变曲线

(b) B₁₅₀荷载－应变曲线

图 4.26　非预应力胶合木梁组跨中截面荷载－应变曲线

2.平截面假定验证

为了更直接地了解各个加载阶段预应力胶合木张弦梁中胶合木跨中截面的应变情况,每组梁中取一根典型的梁。取其各级荷载稳定后截面不同位置的应变数值,得到各级荷载下,跨中截面沿高度的应变曲线。设 X 轴为木材应变,当木材受压时为负,受拉时为正;Y 轴为胶合木的截面高度,以胶合木底边为 0 起算,各条曲线与 Y 轴交点为对应荷载级别下中和轴的位置。预应力钢丝分别为 2 根、4 根、6 根组跨中沿截面高度应变曲线如图 4.27~4.29 所示。

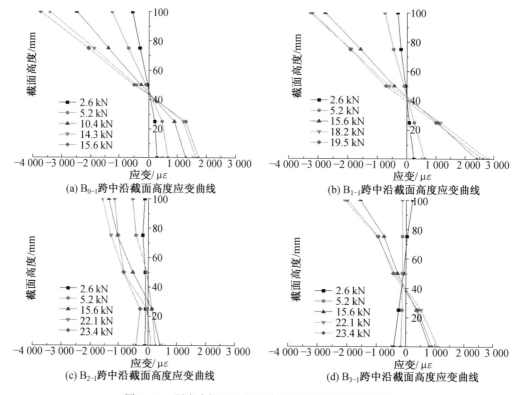

图 4.27　预应力钢丝 2 根组跨中沿截面高度应变曲线

由于木材本身存在缺陷和胶层厚度、胶黏强度等因素影响,大部分纯胶合木梁的中和轴会向两侧发生少量的偏移。荷载在极限荷载的 50% 以内时,中和轴的位置基本保持不变;荷载达到极限荷载的 50% 以后时,中和轴向胶合木底一侧发生明显移动,受压区面积增大。对于配置预应力钢丝的胶合木梁,由于在加载之前有预应力作用,胶合木顶面受拉、底面受压,所以在加载初期胶合木顶面拉应变逐渐减小、底面压应变也逐渐减小,胶合木截面渐渐趋向于顶面受压、底面受拉,继续加载,中和轴明显地向胶合木底面移动,受压区面积不断增加。

胶合木的跨中截面应变基本上为线性分布,虽然有部分梁在荷载级别较大时会有截面应变突变的现象,但这是因为梁变形过大导致应变片所在的局部位置木材有较大的开裂或起褶,使应变片翘起或破坏所致。但总体来说,对预应力胶合木梁进行计算时,可采用平截面假定。

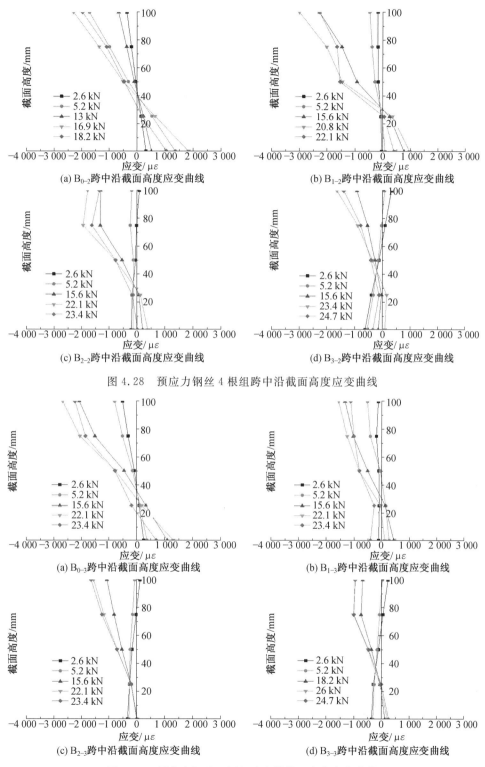

(a) $B_{0\text{-}2}$跨中沿截面高度应变曲线

(b) $B_{1\text{-}2}$跨中沿截面高度应变曲线

(c) $B_{2\text{-}2}$跨中沿截面高度应变曲线

(d) $B_{3\text{-}2}$跨中沿截面高度应变曲线

图 4.28　预应力钢丝 4 根组跨中沿截面高度应变曲线

(a) $B_{0\text{-}3}$跨中沿截面高度应变曲线

(b) $B_{1\text{-}3}$跨中沿截面高度应变曲线

(c) $B_{2\text{-}3}$跨中沿截面高度应变曲线

(d) $B_{3\text{-}3}$跨中沿截面高度应变曲线

图 4.29　预应力钢丝 6 根组跨中沿截面高度应变曲线

3. 承载力计算公式

基于平截面假定,预应力胶合木张弦梁截面计算简图如图 4.30 所示。

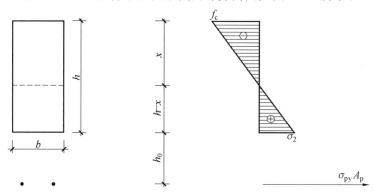

图 4.30　预应力胶合木张弦梁截面计算简图

在跨中截面,胶合木、预应力钢筋和外荷载的作用平衡,即

$$\sum F = 0, \quad \frac{f_c x}{2}b - \frac{\sigma_2(h-x)}{2}b - \sigma_{py}A_p = 0 \tag{4.4}$$

$$\sum M = 0, \quad M = \frac{f_c x}{2}b\left(h_0 + h - \frac{x}{3}\right) - \frac{\sigma_2(h-x)\left[h_0 + (h-x)/3\right]}{2}b \tag{4.5}$$

同时,胶合木顶部压应变与底部拉应变存在几何比例关系,即

$$\frac{f_c}{x} = \frac{\sigma_2}{h-x} \tag{4.6}$$

式中　σ_2—— 胶合木底部应力值;

　　　b—— 胶合木梁截面宽度;

　　　h—— 胶合木梁截面高度;

　　　f_c—— 胶合木材的抗压强度;

　　　σ_{py}—— 预应力钢丝的应力值;

　　　M—— 预应力胶合木梁截面弯矩设计值;

　　　h_0—— 施加预应力后,预应力钢丝形心与胶合木梁底边的垂直距离,由 4.2.7 节方法在设计之初得到;

　　　x—— 胶合木截面的受压区高度,由梁顶起算;

　　　A_p—— 预应力钢丝的配筋面积,由 4.2.6 节方法在设计之初得到。

对于本试验中的梁,$b = h = 100$ mm,对应于 2 根、4 根和 6 根预应力钢丝的配筋面积 A_s 分别为 76.93 mm²、153.86 mm² 和 230.79 mm²。由棱柱体试件抗压试验得到该批胶合木材的抗压强度为 27.1 N/mm²,弹性模量为 6 507.2 N/mm²。

根据试验梁破坏前的截面应变情况,求解出破坏前梁截面的应力分布情况,基于平截面假定,根据公式(4.5)求得跨中弯矩的计算值。将求得的值与试验测得的弯矩值进行对比,对上述设计公式进行验证,预应力胶合木张弦梁承载力公式验证表见表 4.9。

表 4.9　预应力胶合木张弦梁承载力公式验证表

组别	压区高度 x /mm	h_0 /mm	σ_1 /(N·mm^{-2})	σ_2 /(N·mm^{-2})	f_{yi} /(N·mm^{-2})	跨中弯矩/(kN·m) 计算值	跨中弯矩/(kN·m) 试验值	计算值 试验值 /%
B_{0-1}	69.38	49	-25.33	11.18	397.10	12.07	7.8	154.77
B_{0-2}	57.10	51	-15.78	11.86	247.45	7.61	8.45	90.03
B_{0-3}	70.46	51	-20.27	8.50	322.93	9.87	11.05	89.33
B_{1-1}	51.66	64	-19.29	18.05	505.20	10.81	9.1	118.78
B_{1-2}	72.96	62	-17.06	6.32	443.35	9.17	10.4	88.22
B_{1-3}	84.23	65	-14.91	2.79	301.13	8.76	10.4	84.19
B_{2-1}	39.50	75	-14.97	22.92	576.70	11.38	11.05	103.02
B_{2-2}	84.91	76	-14.41	2.56	487.75	9.19	11.05	83.19
B_{2-3}	98.71	79	-11.00	0.14	326.33	7.93	11.05	71.77
B_{3-1}	67.78	87	-15.27	7.26	755.70	9.65	11.05	87.32
B_{3-2}	95.23	76	-10.99	0.55	470.05	7.56	11.7	64.59
B_{3-3}	87.91	76	-12.12	1.67	339.97	7.89	12.35	63.92

计算值与试验值的百分比加权平均为 91.59%，即利用该公式求得的结果能够与预应力胶合木张弦梁实际受力情况很好地吻合，在设计中，建议将该计算公式用于预应力高强胶合木梁的设计计算。

4.2.6　预应力钢丝合理数量建议

1.预应力钢丝配筋率最大值

在进行预应力钢丝配筋率最大值的求解时，假定预应力胶合木梁破坏的瞬间木梁全截面受压，预应力钢丝应力达到产生 0.2% 残余变形的应力值，即公式(4.4)～(4.6)中 $x=h$，$\sigma_{py}=f_{py}$，求解得到此时预应力筋的配筋面积为

$$A_{p,max} = \frac{2f_c}{f_{py}}bh$$

该配筋面积与胶合木梁截面面积的比值即为预应力胶合木梁的最大配筋率：

$$\rho_{p,max} = \frac{2f_c}{f_{py}} \tag{4.7}$$

以本试验中的木梁为例，根据《木结构设计规范》(GB 50005—2017)，东北落叶松的抗压强度设计值为 15 N/mm^2，1 570 级预应力钢丝抗拉强度设计值取 1 110 N/mm^2，最大配筋率为

$$\rho_{p,max} = \frac{2f_c}{f_{py}} = \frac{2 \times 15}{1\ 110} = 0.027 = 2.70\%$$

最大配筋面积为

$$A_{\mathrm{p,max}} = 2.70\% \times 100 \times 100 = 270(\mathrm{mm^2})$$

所选用的预应力钢丝直径为 7 mm，单根面积为 38.465 $\mathrm{mm^2}$，270/38.465 = 7.02(根)，即对于本试验中的梁，根据本节所提出的预应力胶合木梁的最大配筋率计算，预应力钢丝数量不应多于 7 根。

2.预应力钢丝配筋率最小值

胶合木材料的抗压性能优于抗拉性能，导致非预应力胶合木梁在受弯时，梁顶还没有达到抗压强度，梁底纤维就已经被拉坏。预应力胶合木张弦梁的预应力钢筋配筋最小值就是考虑充分发挥胶合木材料拉压强度时的配筋量，此时的截面应力示意图如图 4.31 所示。

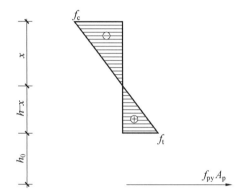

图 4.31　胶合木梁截面应力示意图

根据平截面假定，存在比例关系：

$$\frac{x}{h-x} = \frac{f_{\mathrm{c}}}{f_{\mathrm{t}}}$$

可得到中和轴位置：

$$x = \frac{f_{\mathrm{c}}h}{f_{\mathrm{t}} + f_{\mathrm{c}}}$$

再将求得的 x 代式(4.4)，可求得

$$A_{\mathrm{p,min}} = \frac{(f_{\mathrm{c}} - f_{\mathrm{t}})bh}{2f_{\mathrm{py}}}$$

最小配筋率公式为

$$\rho_{\mathrm{p,min}} = \frac{f_{\mathrm{c}} - f_{\mathrm{t}}}{2f_{\mathrm{py}}} \tag{4.8}$$

4.2.7　预加力合理数值建议

预应力值的合理范围主要取决于施加预应力后胶合木顶纤维的抗拉强度。将本试验中预应力胶合木张弦梁进行简化，其设计简图如图 4.32 所示。

梁跨度为 L，施加预应力前，跨中位置钢丝与胶合木梁底距离为 h_1，施加预应力后钢

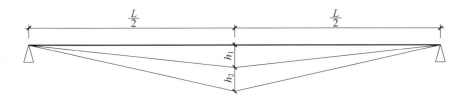

图 4.32　预应力胶合木梁整体计算简图

丝与胶合木梁底距离在原有基础上增加 h_2。可求得,施加预应力之前,预应力钢丝长度为

$$L_1 = 2\sqrt{\left(\frac{L}{2}\right)^2 + h_1^2}$$

而施加预应力后,预应力钢丝长度为

$$L_2 = 2\sqrt{\left(\frac{L}{2}\right)^2 + (h_1 + h_2)^2}$$

这个过程中预应力钢丝的伸长量为

$$\Delta l_{\mathrm{p}} = L_2 - L_1 = 2\left[\sqrt{\left(\frac{L}{2}\right)^2 + (h_1 + h_2)^2} - \sqrt{\left(\frac{L}{2}\right)^2 + h_1^2}\right]$$

可求出施加预应力后,预应力钢丝的应变值为

$$\varepsilon_{\mathrm{p}} = \frac{\Delta l_{\mathrm{p}}}{L_1} = \frac{2\left[\sqrt{\left(\frac{L}{2}\right)^2 + (h_1 + h_2)^2} - \sqrt{\left(\frac{L}{2}\right)^2 + h_1^2}\right]}{2\sqrt{\left(\frac{L}{2}\right)^2 + h_1^2}} = \sqrt{\frac{\left(\frac{L}{2}\right)^2 + (h_1 + h_2)^2}{\left(\frac{L}{2}\right)^2 + h_1^2}} - 1$$

此时,预应力钢丝的应力值为

$$\sigma_{\mathrm{p}} = \varepsilon_{\mathrm{p}} E_{\mathrm{p}} = E_{\mathrm{p}}\left(\sqrt{\frac{\left(\frac{L}{2}\right)^2 + (h_1 + h_2)^2}{\left(\frac{L}{2}\right)^2 + h_1^2}} - 1\right)$$

栓杆的轴向力为

$$F_{s2} = \frac{2\sigma_{\mathrm{p}} A_{\mathrm{p}}(h_1 + h_2)}{\sqrt{\left(\frac{L}{2}\right)^2 + (h_1 + h_2)^2}} = 2E_{\mathrm{p}} A_{\mathrm{p}}(h_1 + h_2)\left[\frac{1}{\sqrt{\left(\frac{L}{2}\right)^2 + h_1^2}} - \frac{1}{\sqrt{\left(\frac{L}{2}\right)^2 + (h_1 + h_2)^2}}\right]$$

将胶合木梁隔离出来分析其受力,将栓杆上的力以集中力的方式作用在梁跨中,此时胶合木梁隔离体计算简图如图 4.33 所示。

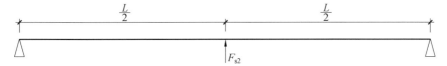

图 4.33　胶合木梁隔离体计算简图

此时由 F_{s2} 引起梁跨中的起拱值为

$$f_2 = \frac{F_{s2}L^3}{48E_m I_m} = \frac{E_p A_p (h_1 + h_2)L^3}{24E_m I_m} \left[\frac{1}{\sqrt{\left(\frac{L}{2}\right)^2 + h_1^2}} - \frac{1}{\sqrt{\left(\frac{L}{2}\right)^2 + (h_1 + h_2)^2}} \right] \quad (4.9)$$

胶合木梁此时的跨中弯矩为 $M_2 = F_{s2}L/4$，则此时胶合木顶纤维的拉应力为

$$\sigma_t = \frac{M_2}{W_m} = \frac{F_{s2}L/4}{\frac{bh^2}{6}} = \frac{3F_{s2}L}{2bh^2} = \frac{3E_p A_p (h_1 + h_2)L}{bh^2} \left[\frac{1}{\sqrt{\left(\frac{L}{2}\right)^2 + h_1^2}} - \frac{1}{\sqrt{\left(\frac{L}{2}\right)^2 + (h_1 + h_2)^2}} \right]$$

$$(4.10)$$

将预应力施加完成后，胶合木梁梁顶纤维刚好达到抗拉强度时的预应力值定为预应力胶合木张弦梁施加预应力值的上限，根据上述公式反推，即可得到预应力的最大值为

$$F_{p,\max} = \sigma_p A_p = \frac{f_t bh^2 \sqrt{\left(\frac{L}{2}\right)^2 + (h_1 + h_2)^2}}{3(h_1 + h_2)L} \quad (4.11)$$

$$h_0 = h_1 + h_2 + f_2 = h_1 + h_2 + \frac{E_p A_p (h_1 + h_2)L^3}{24E_m I_m} \left[\frac{1}{\sqrt{\left(\frac{L}{2}\right)^2 + h_1^2}} - \frac{1}{\sqrt{\left(\frac{L}{2}\right)^2 + (h_1 + h_2)^2}} \right]$$

$$(4.12)$$

综上所述，预应力胶合木张弦梁在施加预应力时，可根据使用情况，在

$$\left[0, \frac{f_t bh^2 \sqrt{\left(\frac{L}{2}\right)^2 + (h_1 + h_2)^2}}{3(h_1 + h_2)L} \right]$$

区间范围内选取预应力值。

4.3　本章小结

本章对预应力胶合木张弦梁的短期受弯性能进行了试验，主要研究了预应力钢筋数量和预加力数值大小对梁的破坏形态、荷载—挠度关系曲线以及截面应变的影响。研究结果表明：预应力钢丝数量越多，预加力越大，预应力胶合木张弦梁可承担的极限荷载越大，梁在破坏前现象越明显，破坏形态越趋于延性破坏。当预加力数值相同时，随预应力钢丝数量增加，梁的承载力及刚度均增大；当预应力筋根数相同时，随预加力增加，梁的承载力增大。根据试验结果，平截面假定得到了验证，提出了预应力胶合木张弦梁的设计建议公式，并对预应力胶合木张弦梁抗弯承载力的计算值与试验值进行对比。另外，与非预应力胶合木梁相比，承载力相同时，本试验研究的预应力胶合木张弦梁，可节约木材 35.1%～44.5%，节约成本 20%～31%。

第5章 胶合木张弦梁短期受弯性能有限元分析

5.1 本构关系的选取

有限元作为一种结构分析方法,目前在科研和工程领域均得到了广泛的应用。随着科技的进步,越来越多的新型材料被不断地创造出来,而有限元分析则为更好地了解这些材料的各方面性能开辟了试验以外的另一条道路,因此在对试验研究的补充和验证方面发挥着越来越重要的作用[104,105]。

本书采用 ABAQUS 有限元分析软件,模拟预应力胶合木梁的短期受弯性能。木材是一种非均质各向异性的天然复合材料,由于材料本身比较复杂,ABAQUS 有限元分析软件中常用的本构模型并不能直接模拟出现胶合木的主要特性,所以在利用 ABAQUS 对预应力胶合木梁进行分析时,需要将材料的本构模型进行一定的简化。目前比较常用的简化模型有各向异性弹性本构模型和各向同性弹塑性本构模型。国内各研究团队采用了不同的本构模型对胶合木不同性能进行研究。哈尔滨工业大学祝恩淳等人在进行胶合木曲梁横纹应力及开裂性能的研究和胶合木梁中温度与湿度应力的研究时,采用的是各向同性弹塑性本构模型[106];南京工业大学现代木结构研究所陆伟东等人在研究胶合木框架-剪力墙结构抗侧力性能时,采用的是各向异性弹性本构模型[107];在文献[108]中,将胶合木作为横观各向同性材料对其弹性阶段的性能进行了研究;在文献[109]中,也是采用各向异性弹性本构模型对胶合木进行有限元模拟。通过将各个本构关系下建立的胶合木张弦梁的荷载-位移曲线同试验得到的曲线对比,结果表明:同其他两种本构模型相比,各向异性弹塑性本构模型能更真实地模拟出胶合木张弦梁的状态,因此本书选用各向异性弹塑性本构模型进行模拟。

木材是一种三轴互相垂直相交的各向异性材料,其用于力学分析的三条基本轴线分别为纤维方向(L)、半径方向(R)和弦切方向(T),如图 5.1 所示。由于木材中常常存在木节或者纤维倾斜、扭曲的现象,加之目前的胶合木材在加工过程中,并没有对木材的半径方向和弦切方向加以严格区分,所以在分析中很难看成是纯粹的三轴正交各向异性材料,一般将沿着纤维方向称为胶合木的纵向,将半径和弦切方向统称为胶合木材的横

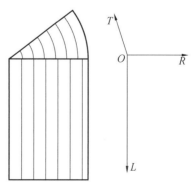

图 5.1 木材的基本轴线

向。

在定义胶合木材料的弹性属性时，类型选择为正交各向异性，按照软件提示输入刚度矩阵，各向异性材料的刚度矩阵为

$$\begin{bmatrix} D_{1111} & D_{1122} & D_{1133} & 0 & 0 & 0 \\ & D_{2222} & D_{2233} & 0 & 0 & 0 \\ & & D_{3333} & 0 & 0 & 0 \\ & & & D_{1212} & 0 & 0 \\ & & & & D_{1313} & 0 \\ & & & & & D_{2323} \end{bmatrix}$$

式中 $D_{1111}=E_1(1-v_{23}v_{32})r$；

$D_{2222}=E_2(1-v_{13}v_{31})r$；

$D_{3333}=E_3(1-v_{12}v_{21})r$；

$D_{1122}=E_1(v_{21}+v_{31}v_{23})r=E_2(v_{12}+v_{32}v_{13})r$；

$D_{1133}=E_1(v_{31}+v_{21}v_{32})r=E_3(v_{13}+v_{12}v_{23})r$；

$D_{2233}=E_2(v_{32}+v_{12}v_{31})r=E_3(v_{23}+v_{21}v_{13})r$；

$D_{1212}=G_{12}$；

$D_{1313}=G_{13}$；

$D_{2323}=G_{23}$。

假定顺纹方向为木纤维方向“1”，半径方向和弦切方向分别为“2”和“3”，由于胶合木材料横向的性能相同，所以 $D_{2222}=D_{3333}$，$D_{1313}=D_{1212}$，$D_{1133}=D_{1122}$。

5.2 建模及分析过程

5.2.1 建立部件

进行 ABAQUS 有限元模拟分析的梁尺寸与试验梁相同，为 100 mm×100 mm×3 150 mm。简化后的加载示意图如图 5.2 所示。预应力胶合木梁两端铰接，在两个三分点位置施加集中力。

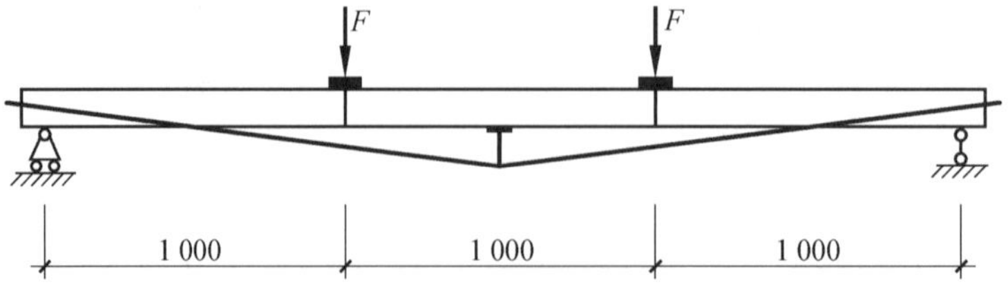

图 5.2 简化后的加载示意图

分别新建胶合木梁、钢丝、钢垫板、端板、转向块、栓杆和锚固装置，其中除了预应力钢丝的基本特征定义为“线”，其他部件均为三维实体。为了避免网格划分过于异常导致软

件计算出错,在模拟时将转向块底侧的曲面建成平面,将栓杆的截面由圆形建成截面面积相等的正方形。

5.2.2　定义材料特性

对预应力胶合木张弦梁进行有限元模拟时,需要三种材料模型。对于胶合木梁,采用各向异性的本构关系进行建模,其材料方向如图 5.3 所示。根据棱柱体胶合木试件的抗压试验结果得到 $D_{1111} = 6\ 742\ \text{N/mm}^2$,$D_{2222} = D_{3333} = 385\ \text{N/mm}^2$,$D_{1313} = D_{1212} = 439\ \text{N/mm}^2$,$D_{1133} = D_{1122} = 348\ \text{N/mm}^2$,$D_{2233} = 149\ \text{N/mm}^2$,$D_{2323} = 117\ \text{N/mm}^2$。屈服应力为 $27\ \text{N/mm}^2$;对于预应力钢丝,弹性模量取 $2.0 \times 10^5\ \text{N/mm}^2$,直径为 $7\ \text{mm}$ 的 $1\ 570$ 级低松弛预应力钢丝屈服应力为 $1\ 100\ \text{N/mm}^2$,定义钢丝截面时,类别为梁,类型为梁,截面为圆形。为方便建模,对于 2 根、4 根和 6 根预应力钢丝的情况,均按照 2 根建模,在输入截面半径时分别输入 $3.5\ \text{mm}$、$4.95\ \text{mm}$ 和 $6.06\ \text{mm}$。对于钢垫板、锚具及端板等其他部件,不考虑其在模拟过程中的弹性变形,将弹性模量取 $2.0 \times 10^7\ \text{N/mm}^2$。

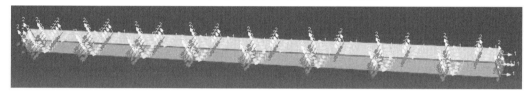

图 5.3　胶合木梁材料方向示意图

5.2.3　装配及相互作用

所有配件均创建为独立的实例。胶合木梁与钢垫板、端板、支座为绑定约束,栓杆与钢垫板和转向块之间为绑定约束,端板与锚固装置之间为绑定约束,预应力钢丝与锚固装置之间为 MPC 梁约束,预应力钢丝与转向块之间为 MPC 绑定约束。在梁两个三分点的正上方 20 mm 位置各建立一个参考点,参考点与三分点处的支座上表面为耦合约束,如图 5.4 所示。

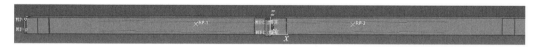

图 5.4　预应力钢丝约束示意图

5.2.4　分析步及荷载

总共有三个分析步:初始分析、预应力施加和集中荷载施加。

在初始分析步中定义初始边界条件:约束梁两端支座,边界条件示意图如图 5.5 所示。

目前,在 ABAQUS 总施加预应力的方法一般有两种:一种是对预应力钢丝施加沿长度方向的初始拉应力;另一种方法是降温法,定义温度场,输入钢丝的热膨胀系数和弹性模量参数,通过改变温度变化量来调节预应力大小。这两种方法在传统的预应力混凝土

图 5.5　边界条件示意图

结构中应用较为适宜,但对于预应力胶合木张弦梁,预应力钢丝与胶合木梁的相对位置不固定,且两者的距离无论是对整体的承载力,还是对刚度都有不可忽视的作用,因此,上述的两种预应力施加方法在本书中都是不适用的。

　　本书中的预应力通过调节栓杆长度施加,具体做法为在该分析步中创建荷载,荷载类别为力学,选取的分析类型为螺栓荷载,方法为调节长度,根据所需的预应力值确定荷载量值。集中荷载施加模拟的是千斤顶加载的过程,直接在三分点处的参考点上施加集中力,大小均为 15 kN,共 30 kN,模拟加载示意图如图 5.6 所示。

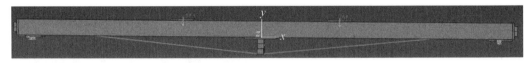

图 5.6　模拟加载示意图

5.2.5　划分网格

　　将模型进行网格划分,网格大小取 20 mm,然后选中所有预应力钢丝,将钢丝的网格单元定义为两结点空间线性梁单元(B_{31}),其他网格采用的均为二十结点二次六面体单元减缩积分(C3D20R),网格划分示意图如图 5.7 所示。

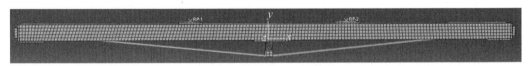

图 5.7　网格划分示意图

5.2.6　分析结果

　　网格定义完成后即可建立作业任务,提交分析,分析完成后预应力胶合木张弦梁有限元分析结果如图 5.8 所示。因为胶合木梁的应力远远小于预应力钢丝应力导致应力云图上无法直观地体现胶合木梁本身和预应力钢丝自身的应力分布情况,因此,分别给出胶合木梁和预应力钢丝沿纵向的应力分布。

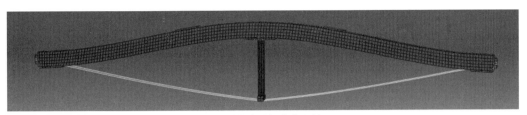

(a) 施加预应力后梁的变形情况

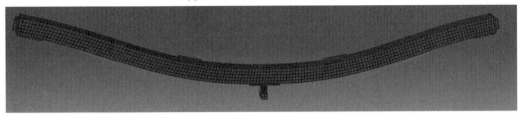

(b) 集中力加载完成后梁整体变形情况

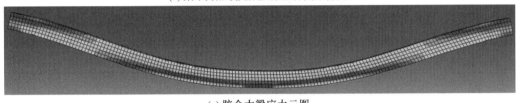

(c) 胶合木梁应力云图

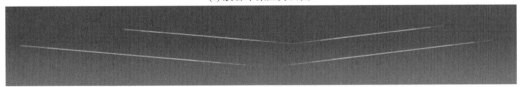

(d) 预应力钢丝应力云图

图 5.8　预应力胶合木张弦梁有限元分析结果

5.3　预应力钢丝数量对胶合木梁变形性能的影响

选取胶合木跨中位置一点的位移为 X 轴,以每个三分点处各时刻集中力的大小为 Y 轴,绘制出各组梁的荷载－挠度曲线,如图 5.9 所示。

由图 5.9 可知,从有限元分析结果来看,当施加预应力为 0 时,预应力钢丝根数为 2 根、4 根和 6 根的情况下分析所得的荷载－挠度曲线是重合的,证明在不施加预应力的情况下,对胶合木梁进行配筋对木梁的刚度并没有改善;当对胶合木张弦梁施加预应力后,随着钢丝根数的增加,荷载－挠度曲线的斜率增大,梁产生相同挠度所需要的荷载增加,相同荷载所产生的挠度变小,即在施加预应力的情况下,预应力钢丝数量越多,预应力胶合木张弦梁的抗弯刚度越大。

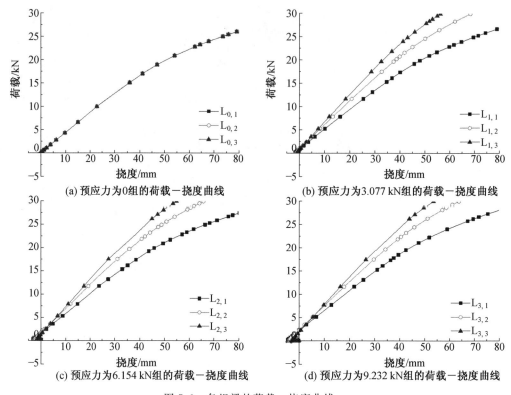

(a) 预应力为0组的荷载－挠度曲线

(b) 预应力为3.077 kN组的荷载－挠度曲线

(c) 预应力为6.154 kN组的荷载－挠度曲线

(d) 预应力为9.232 kN组的荷载－挠度曲线

图 5.9　各组梁的荷载－挠度曲线

5.4　预应力值对胶合木梁变形性能的影响

保持预应力钢丝根数不变时,各组梁的荷载－挠度曲线如图5.10所示。

由图5.10可看出,对于预应力钢丝数为2根的组,预应力不同的组的荷载－挠度曲线基本平行,而当预应力钢丝为4根和6根时,施加了预应力的梁的荷载－挠度曲线的斜率明显大于未施加预应力的梁,且钢丝数量越多,这种提高越明显。

由图5.10还可知,当预应力钢丝数目相同时,未施加预应力的胶合木梁的斜率远远低于其他施加了预应力的梁;所有施加了预应力的梁,荷载－挠度曲线的斜率基本相同。即对胶合木张弦梁施加了预应力之后,预应力值的大小对梁的刚度没有明显的影响。但当预应力值较大时,会使梁产生较大的反拱,所以同预应力值较小的梁相比,总的挠度值较小。

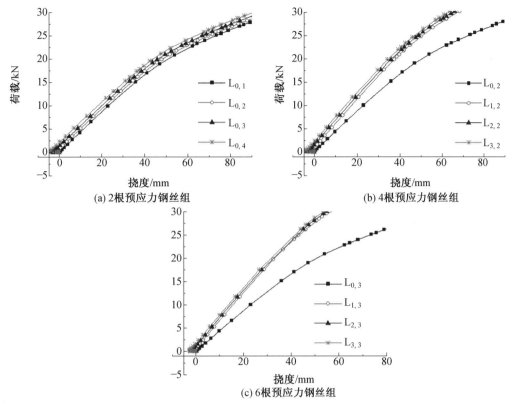

(a) 2根预应力钢丝组

(b) 4根预应力钢丝组

(c) 6根预应力钢丝组

图 5.10　各组梁的荷载－挠度曲线

5.5　有限元分析与试验结果对比

为方便将各梁试验结果与有限元分析结果进行对比,分别将同一组预应力胶合木张弦梁在两种情况下的荷载－挠度曲线进行绘制,如图 5.11～5.14 所示。

由图 5.11～5.14 可知,通过试验得到的各梁的荷载－挠度曲线的斜率明显小于通过有限元分析得到的曲线,即通过有限元分析得到的胶合木张弦梁的刚度同试验得到的值相比较大,这主要由两方面原因造成:首先,试验梁的质量受到木节、裂纹和胶层强度等多方面的影响,而有限元模拟过程中不存在这些问题;其次,胶合木梁安装过程中预应力钢丝的松紧程度,预应力与转向块、木梁与锚具等之间存在的空隙都会造成一定的预应力损失,从而削弱预应力的作用,而在有限元分析时,部件之间为理想无缝隙的紧密接触,预应力钢丝的长度也是经过精准计算而建立的,因此不会存在这方面的问题。

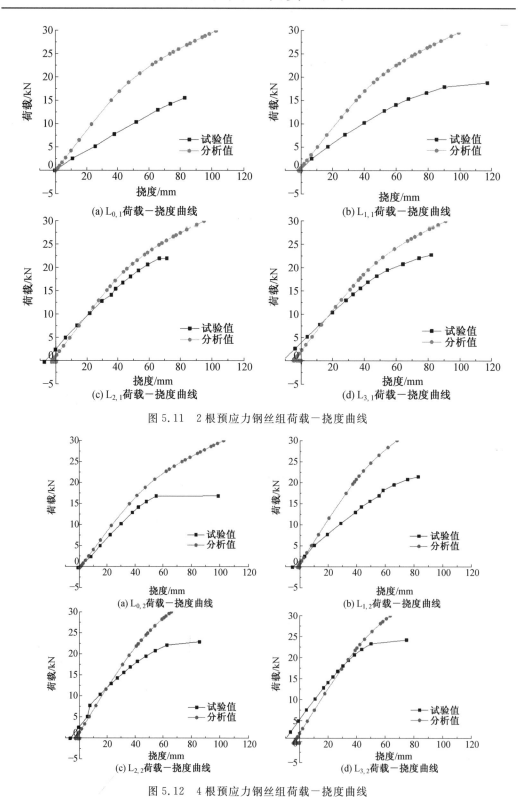

图 5.11 2 根预应力钢丝组荷载—挠度曲线

图 5.12 4 根预应力钢丝组荷载—挠度曲线

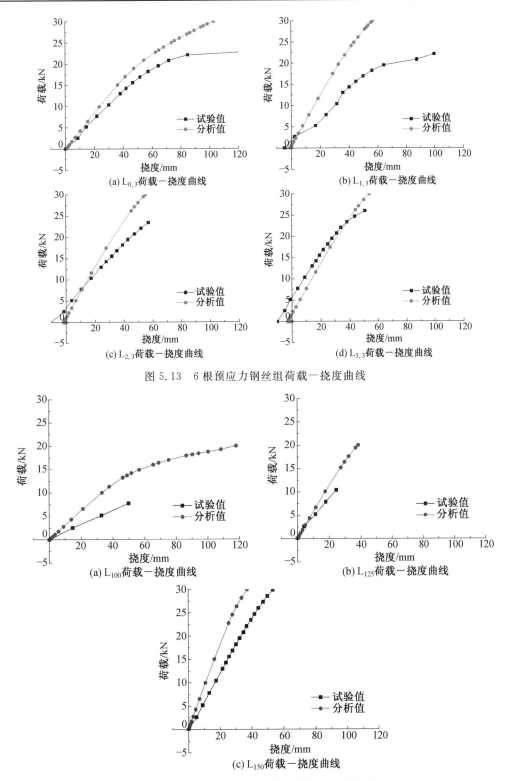

图 5.13　6 根预应力钢丝组荷载－挠度曲线

图 5.14　非预应力胶合木梁组荷载－挠度曲线

从图 5.14 中还可以看出,对于同一组梁,当预应力较大时,由试验得到的胶合木张弦梁的反拱要大于有限元的分析值。这也是由于前文所述的预应力损失的存在,达到相同的钢丝应力时,试验值需要栓杆提供更大的伸长量,导致胶合木梁产生更大的反拱值。

5.6　本章小结

有限元分析结果在不施加预应力的情况下,对胶合木梁进行配筋对木梁的刚度并没有改善;在施加预应力的情况下,预应力钢丝数量越多,预应力胶合木张弦梁的抗弯刚度越大。

采用有限元分析结果可知:当预应力钢丝数目相同时,未施加预应力的胶合木梁的斜率远远低于其他施加了预应力的梁;对胶合木张弦梁施加了预应力之后,预应力值的大小对梁的刚度没有明显的影响,但当预应力值较大时,会使梁产生较大的反拱,所以同预应力值较小的梁相比,总的挠度值较小。

通过对试验值与分析值进行比较,可知胶合木梁安装过程中预应力钢丝的松紧程度,以及预应力与转向块、木梁与锚具等之间存在的空隙,都会造成一定的预应力损失。预应力损失会导致试验得到的胶合木张弦梁的反拱要大于有限元的分析值。

由于胶合木材料自身缺陷和预应力损失的原因,通过有限元分析得到的胶合木张弦梁的刚度同试验得到的值相比较大。

第6章 预应力胶合木张弦梁长期受弯性能试验研究

本章将对预应力胶合木张弦梁的长期受弯性能进行研究,主要研究预应力钢筋数量和预加力数值大小对预应力钢丝应力变化规律以及梁跨中长期挠度的影响。

6.1 试验概况

6.1.1 试件分组

为了研究预应力钢丝数量和总预加力数值对预应力胶合木张弦梁长期受弯变形性能的影响,进行预应力胶合木张弦梁的长期受弯试验,试验地点为哈尔滨,所用的胶合木梁是由国内专业的胶合木生产厂家代为加工而成的。考虑到木材加工的难易程度、运输的可行性、给胶合木梁手工施加预应力的可操作性、试验加载装置的尺寸及资金状态等问题,最终研究决定将10根几何缩尺比例为1:4的预应力胶合木张弦梁(100 mm×100 mm×3 150 mm),按预应力钢丝数量和总预应力数值分成A、B两组。为了使预应力筋与胶合木梁能更好地契合,因此,在胶合木梁的两端部预先进行开槽处理,试验用胶合木梁如图6.1所示。所用试件的选材均为东北落叶松,所有预应力筋均为直径7 mm的低松弛1 570级预应力钢丝。将加工好的胶合木和预应力钢丝通过张拉和锚固装置连接,预应力钢丝锚固装置如图6.2所示。

图6.1 试验用胶合木

图6.2 预应力钢丝锚固装置

A 组控制所施加的总预加力数值相同,预应力钢丝数量不同,用以研究预应力钢丝数量对预应力胶合木张弦梁长期受弯变形性能的影响。A 组梁基本信息见表 6.1。

表 6.1　A 组梁基本信息

项目	梁编号					
	L_{a1}	L_{a2}	L_{a3}	L_{a4}	L_{a5}	L_{a6}
预应力钢丝数量/根	2	2	4	4	6	6
总预加力/kN	3.079	3.079	3.079	3.079	3.079	3.079

B 组控制预应力钢丝数量相同,所施加的总预加力数值不同,用以研究总预加力数值对预应力胶合木张弦梁长期受弯变形性能的影响。B 组梁基本信息见表 6.2。

表 6.2　B 组梁基本信息

项目	梁编号					
	L_{b1}	L_{b2}	L_{b3}	L_{b4}	L_{b5}	L_{b6}
预应力钢丝数量/根	4	4	4	4	4	4
总预加力/kN	0.000	0.000	3.079	3.079	6.158	6.158

注:表中梁 L_{b3} 与表 6.1 中梁 L_{a3} 完全相同,梁 L_{b4} 与表 6.1 中梁 L_{a4} 完全相同。因试验目的不同,故采用不同编号

6.1.2　长期受弯试验加载时间的确定

对于长期试验而言,加载时间是一个重要参数。因为加载时间的长短对试验现象和试验结果的影响很大,所以要确定一个合适的加载时间。

经查阅,在中华人民共和国林业行业标准《木材和工程复合木材的持续负载和蠕变影响评定》(LY/T 1975—2011)中找到关于木制材料长期加载时间的规定,要求"蠕变试验至少需要 90 天时间"。但需要明确的是,首先这是一本材料评定标准,要求要比普通试验标准相对严格;其次,该评定标准中的抗弯蠕变试验,并未涉及材料蠕变后与短期加载试验材料的对比,而标准中还有一项明确规定是"长期试样的平均含水率与短期试样含水率偏差不能高于±2%",即在室温条件下,两者的试验间隔时间不能过长。此外,本书做的是构件试验,不是材料试验,因此没有完全按照该标准要求进行试验。

在此基础上,借鉴前人的试验经验[110-112,102,113-116]。其中,文献[111]依据日本《结构用单板层积材标准》(JAS 1494—1991)中的规定,对不同结构杨木单板层积材的加载时间为 21 天;文献[112]中对黏弹性薄板的加载时间为 25 天;文献[104]中对 FPR 板增强胶合木梁的加载时间为 50 天;文献[113]中对结构胶合木板的加载时间为 60 天。

综合考虑,最终决定预应力胶合木张弦梁的长期加载时间为 45 天。

6.1.3　长期受弯试验加载值的确定

外加荷载的大小对胶合木的蠕变有较大影响,进而影响到梁的长期变形。本试验意

在探讨正常使用条件下,预应力钢丝数量和总预加力数值对预应力胶合木张弦梁长期受弯性能的影响,因此,需要确定合理的外加荷载大小。

根据《木结构设计原理》[6] 和《建筑结构荷载规范》(GB 50009—2012)中关于受弯构件承载力设计值的推导过程和荷载效应组合的相关内容,在承载力方面,首先由预应力胶合木张弦梁短期受弯试验得到该梁的极限荷载平均值,根据概率分布和可靠度要求得到极限荷载标准值,再通过分项系数得到设计值;在荷载效应方面,预应力构件在正常使用极限状态下应采用标准组合,在承载能力极限状态下应采用基本组合。预应力胶合木张弦梁基本组合的荷载效应不大于承载力,根据基本组合和标准组合的数值关系,即可推出预应力胶合木张弦梁长期试验的加载值。长期受弯试验加载值推导流程如图 6.3 所示。

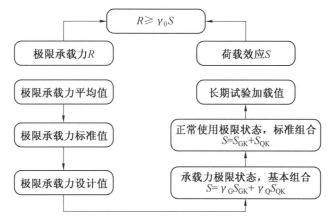

图 6.3　长期受弯试验加载值推导流程图

详细的推导过程如下。

(1)根据预应力胶合木张弦梁短期受弯试验得到该梁的极限荷载平均值,计算出梁的极限荷载标准值 R_k。

根据本书第 4 章内容可知,本章所需的预应力胶合木张弦梁极限荷载试验值分别为 μ_{R1}、μ_{R2}、μ_{R3}。据此可以求出梁的极限荷载平均值 μ_R、标准差 σ_R 及变异系数 V_R。

得到以上数据后,可求出梁的极限荷载标准值

$$R_k = \mu_R(1 - \alpha_R \cdot V_R) \tag{6.1}$$

式中　$\alpha_R = 1.645$,表示具有一定保证率的分位值。

(2)计算预应力胶合木张弦梁的极限荷载设计值 R。

预应力胶合木张弦梁的极限荷载设计值

$$R = R_k/\gamma_R \tag{6.2}$$

$$\gamma_R = (1 - \alpha_R \cdot V_R)/[1 - \beta(V_R\sigma_R/\sigma_Z)] \tag{6.3}$$

式中　γ_R——抗力分项系数,对于顺纹受弯木结构构件通常取 1.60[39];

　　　β——可靠度指标,$\beta = (\mu_R - \mu_S)/\sigma_Z$,$\sigma_Z = (\sigma_R^2 + \sigma_S^2)^{0.5}$;

　　　μ_R——抗力平均值;

　　　μ_S——作用效应平均值。

（3）预应力胶合木张弦梁在承载力极限状态下的荷载效应组合。

在承载力极限状态下，预应力胶合木张弦梁应按荷载效应的基本组合计算。根据《木结构设计原理》[6]中所述，楼盖和办公类建筑的可变荷载和永久荷载作用效应比值可取1.5。假设永久荷载标准值为 G，则可变荷载标准值为 $1.5G$，故有

$$R = 1.2G + 1.4(1.5G) \tag{6.4}$$

（4）预应力胶合木张弦梁在正常使用极限状态下的荷载效应组合。

在正常使用极限状态下，预应力胶合木张弦梁应按荷载效应的标准组合计算。将式（6.4）中的可变荷载和永久荷载代入式（6.5）中，得到梁的正常使用荷载标准值

$$G + 0.5(1.5G) = 0.53R = 0.33R_k \tag{6.5}$$

综合考虑，本章试验中对预应力胶合木张弦梁长期受弯试验的加载值取其短期受弯试验中梁的极限荷载平均值的 30%。

A 组梁加载信息见表 6.3。

表 6.3　A 组梁加载信息

项目	梁编号					
	L_{a1}	L_{a2}	L_{a3}	L_{a4}	L_{a5}	L_{a6}
加载值/kN	3.35	3.35	4.35	4.35	6.35	6.35

B 组梁加载信息见表 6.4。

表 6.4　B 组梁加载信息

项目	梁编号					
	L_{b1}	L_{b2}	L_{b3}	L_{b4}	L_{b5}	L_{b6}
加载值/kN	2.20	2.20	4.35	4.35	6.35	6.35

6.1.4　试验装置及量测设备

因为进行长期受弯试验的预应力胶合木张弦梁尺寸较大、数量较多，所以，根据长期受弯试验的具体研究目的自行设计了一套梁的长期加载试验装置，并委托钢材加工厂按照设计图纸进行加工制作，试验装置平面示意图如图 6.4 所示，钢柱、钢梁的设计加工图如图 6.5(a)所示，加工实物图如图 6.5(b)和(c)所示。本套试验装置的承载力和刚度较大，对试验结果的影响非常小；同时能够进行 5 根梁的长期受弯试验，效率较高；并且可以根据试验梁的长度调整支架间距，适用性好。

进行预应力胶合木张弦梁长期受弯试验时，将梁置于试验装置的 2 号钢梁上，如图6.4 所示。在预应力胶合木张弦梁的下表面放置钢垫板用于传递支座反力，钢垫板尺寸为 150 mm×100 mm×30 mm，在钢垫板与试验装置的 2 号钢梁之间放置直径 $d=$30 mm 的滚轴，滚轴的轴线垂直于试验梁的长度方向，并与 2 号钢梁轴线对齐，长期试验支座节点图如图 6.6 所示。该支座节点的设置既满足规范对简支梁试验的要求，保证了预应力胶合木张弦梁的两端可以自由转动或移动；又明确了预应力胶合木张弦梁的计算

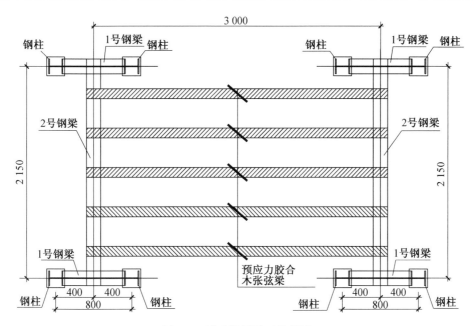

图 6.4　试验装置平面示意图

长度。

　　试验需要采集预应力胶合木张弦梁两端点和跨中处的变形,因此需在预应力胶合木张弦梁的两端(即支座处)和跨中的上表面位置各放置 1 个位移计;另在试验装置 2 号钢梁的下表面各放置 1 个位移计,长期试验位移计和应变片位置布置如图 6.7 所示,用以校验试验装置对预应力高强胶合木梁长期变形的影响。本试验中所用到的位移计使用量程均不小于全量程的 20%,也不大于全量程的 80%。

　　此外,还需在每根预应力胶合木张弦梁的跨中上表面放置 1 个机械式百分表,每日定时人工记录试验数据,用以校核预应力胶合木张弦梁跨中的挠度变化,机械式百分表放置支架图如图 6.8 所示。

　　为了获取试验期间预应力胶合木张弦梁跨中应力和预应力钢丝应力的变化,需在梁胶合木部分的跨中截面处沿两个测面均匀布置 5 个应变片,在其顶面均匀布置 2 个应变片;同时在每根预应力钢丝的三分点位置处各布置 1 个应变片。以上所述位移计和应变片的布置位置如图 6.7 所示,试验时通过磁性表座将位移计固定到支架上,如图 6.7 和图 6.8 所示。

　　本试验采用三分点对称加载的方式,如图 6.7 所示,以吊载足够重量的混凝土梁的形式完成对预应力胶合木张弦梁长期荷载的施加,保证了加载值的恒定不变。为防止预应力胶合木张弦梁加载点处发生局压破坏,加载前在梁三分点处的上表面放置一块截面尺寸为 110 mm×110 mm×10 mm 的钢垫板,再在钢垫板上放置一个尺寸为 100 mm×100 mm×20 mm 的木块,用来固定钢丝绳的位置,如图 6.8 所示。预应力胶合木张弦梁加载点处节点图如图 6.9 所示。

　　试验前,先对每根预应力胶合木张弦梁进行编号标记,以方便数据记录。试验开始,先按照表 6.1 和表 6.2 中的数值对已编号的预应力胶合木张弦梁施加对应的预加力。对

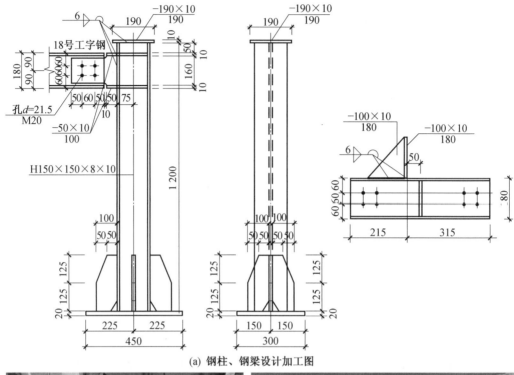

(a) 钢柱、钢梁设计加工图

(b) 加工后钢梁、钢柱

(c) 组装后的试验装置

图 6.5 试验装置图

预应力胶合木张弦梁施加预应力期间,采用 JM3813 型号的静态应变仪,如图 6.10 所示,同步监测梁中预应力钢丝的应力值、梁跨中各表面的应力值,以及梁跨中和端部的挠度变化值。

对所有的预应力胶合木张弦梁施加完预应力后,再依次对各梁进行加载。每根梁上所施加的荷载数值与表 6.3 和表 6.4 一一对应。加载时需用 JM3813 型号的静态应变仪同步不间断地监测梁中预应力钢丝的应力值、梁跨中各表面的应力值,以及梁跨中和端部的挠度变化值。

加载完成后,正式开始预应力胶合木张弦梁长期加载试验数据的采集和记录工作。通过采取前密后疏、人机结合读数的方式记录预应力胶合木张弦梁两端支座和跨中的挠

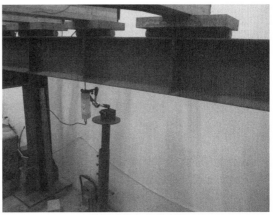

(a) 长期试验支座节点图一　　　　　　　　(b) 长期试验支座节点图二

图 6.6　长期试验支座节点图

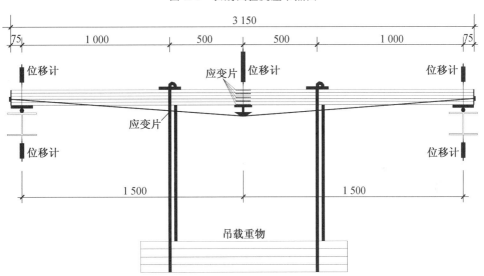

图 6.7　长期试验位移计和应变片位置布置图

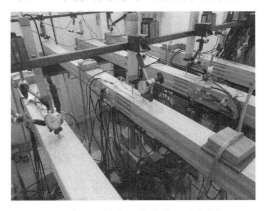

图 6.8　机械式百分表放置支架图

图 6.9　预应力胶合木张弦梁加载点处节点图

图 6.10　JM3813 型号的静态应变仪

度变化值、梁中预应力钢丝的应力值、梁跨中各表面的应力值。其中,数据采集时间间隔情况见表 6.5。

表 6.5　数据采集时间间隔情况

试验时间	数据采集时间间隔详情
第 1 天	0.25 h/次
第 2、3 天	0.5 h/次
第 4、5 天	1 h/次
第 6、7 天	2 h/次
第 8～14 天	4 h/次
第 15～45 天	12 h/次

试验期间,采取一定措施避免了非试验人员出入实验室误碰试验装置、影响试验的结果。

6.2　预应力钢丝应力变化规律研究

6.2.1　预应力钢丝的松弛规律

预应力钢丝松弛是指预应力钢丝受到一定的张拉力后,在长度和温度保持不变的条件下,预应力钢丝拉应力随时间增长而降低的现象。目前,对于预应力钢丝松弛的试验研究和理论分析已相对比较充分,因此本节直接引用现有研究成果。

根据陆光闾、秦永欣等人对高强预应力钢丝松弛试验的研究结果可知,在不同的初始应力下预应力钢丝的松弛率 R 的发展速率是不同的[110]。在时间半对数曲线上,1 h 后的预应力钢丝松弛率为

$$R = A + B(\lg t)^m \times 100\% \tag{6.6}$$

式中　t——受荷时间,单位为 h,且 $t \geqslant 1$;

　　　　A、B、m——系数,A 和 B 随初始应力的增大而增大,m 随初始应力的增大反而减小,且接近于 1。

根据文献[107]中的试验数据,绘制了在不同初始应力下预应力钢丝松弛发展曲线,如图 6.11 所示,图中 R_y 表示预应力钢丝的极限抗拉强度。

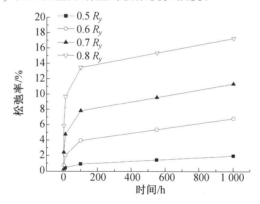

图 6.11　不同初始应力下预应力钢丝松弛发展曲线

由图 6.11 可知,早期预应力钢丝松弛发展较快;预应力钢丝松弛随初始应力的增大而增大;当预应力钢丝的初始应力低于 0.5 倍的极限抗拉强度时,其 1 000 h 内的松弛率不大于 2%,因此可以忽略不计。

经计算,在对预应力胶合木张弦梁进行长期加载以后,预应力钢丝的最大应力值 $\sigma = 0.32R_y < 0.5R_y$,因此可以忽略因预应力钢丝松弛引起的应力变化。

6.2.2　钢丝应力变化规律

按理论分析,本试验中的预应力钢丝应力变化包含两部分原因:一部分是由预应力钢丝松弛引起的应力变化;另一部分是由于胶合木发生蠕变而导致的预应力钢丝应力变化。通过上述分析,可以认为本试验中的预应力钢丝应力变化全部是由胶合木蠕变导致的。

根据 JM3813 型号的静态应变测试系统全程监测的数据,可以获得 10 根预应力胶合木张弦梁中的预应力钢丝从加载初始到加载结束整个过程中应力变化的情况,对两根完全相同的梁的预应力钢丝应力变化数值取平均值,得到 5 组数据,绘制成 A、B 两组梁的预应力钢丝随时间变化曲线分别如图 6.12 和图 6.13 所示。

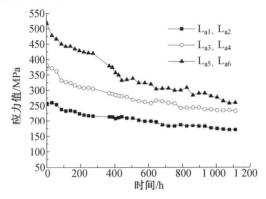

图 6.12　A 组预应力钢丝应力随时间变化曲线

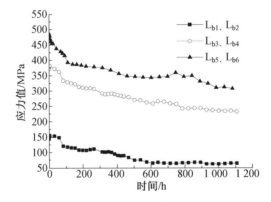

图 6.13　B 组预应力钢丝应力随时间变化曲线

由图 6.12 和图 6.13 可知,试验期间预应力钢丝应力的变化速率由快到慢,逐渐趋于稳定。由图 6.12 可以看出,随预应力钢丝数量增多,梁加载值增大,导致初始应力增大,且应力变化幅值较大。由图 6.13 可以看出,随预加力数值的增加,梁加载值增大,导致初始应力增大,但应力变化幅值较小。

根据 A、B 两组预应力钢丝应力随时间变化数据,可以得到两组预应力钢丝在长期受弯试验期间的应力变化情况,如图 6.14 和图 6.15 所示。

由图 6.14 可知,长期加载 45 天时,预应力钢丝根数由 2 根增加到 4 根时,预应力损失值增加了 55 MPa,预应力根数由 4 根增加到 6 根时,预应力损失值增加了 120 MPa,可见,当总预加力数值相同时,预应力钢丝数量越多,钢丝应力损失值越大,钢丝应力损失速度越快;由图 6.15 可知,加载值由 0 增加到 3.079 kN 时,预应力损失值增加了 60 MPa,加载值由 3.079 kN 增加到 6.158 kN 时,预应力损失值增加了 30 MPa,可见,当预应力钢丝数量相同时,预加力数值越大,钢丝应力损失值越大,钢丝应力损失速度略慢。

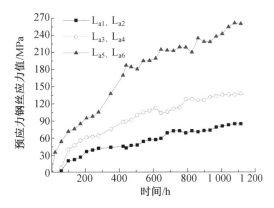

图 6.14 A 组预应力钢丝应力值随时间变化曲线

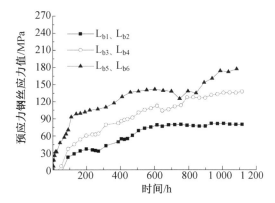

图 6.15 B 组预应力钢丝应力值随时间变化曲线

6.3 梁跨中挠度变化规律研究

6.3.1 梁跨中挠度构成与分析

经过连续两个 45 天的观测记录,得到了 10 根预应力胶合木张弦梁长期受弯试验的挠度变化数据。对数据进行整理、取平均值后,绘制出 5 组预应力胶合木张弦梁跨中总挠度随时间变化规律曲线,如图 6.16~6.17 所示。为方便对比现做出以下规定:挠度向下为正,反之为负;原点表示梁没有发生变形。

由图 6.16 和图 6.17 可以看出,预应力胶合木张弦梁长期受弯时跨中挠度包含两部分,分别是瞬间挠度和长期挠度。加载前,对预应力胶合木张弦梁施加预应力,使梁的跨中预先出现一个反拱,因此梁跨中挠度初始值为负值;完成加载时,梁跨中会有一个瞬间变形,即为瞬间挠度;加载完成后,梁跨中挠度会随时间在此基础上逐渐增加,即为长期挠度。由图 6.16 可知,总预加力相同时,增加预应力筋数量,梁上产生的反拱相差不大,因此梁跨中挠度变化范围相对比较集中;而由图 6.17 可知,预应力筋数量相同时,增加总预加力,梁上产生的反拱增大,因此梁跨中挠度变化范围相差明显。

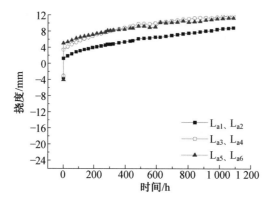

图 6.16 A组梁跨中点挠度随时间变化曲线

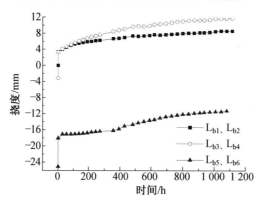

图 6.17 B组梁跨中总挠度随时间变化曲线

6.3.2 梁跨中长期挠度对比分析

经过上述分析计算,A、B组梁跨中长期挠度随时间变化情况见表6.6。

表 6.6 A、B组梁跨中长期挠度随时间变化情况

时间/h	A组梁编号			时间/h	B组梁编号		
	L_{a1}、L_{a2}	L_{a3}、L_{a4}	L_{a5}、L_{a6}		L_{b1}、L_{b2}	L_{b3}、L_{b4}	L_{b5}、L_{b6}
0	0.00	0.00	0.00	0	0.00	0.00	0.00
3.74	0.04	0.00	0.04	4.74	0.11	0.00	0.00
57.74	1.44	1.20	0.84	58.74	1.42	1.21	1.04
114.06	2.44	1.89	1.54	115.06	2.10	1.90	1.11
168.06	3.14	2.47	1.94	169.06	2.54	2.54	1.20
222.06	3.84	2.91	2.44	223.06	2.89	2.87	1.31
276.06	4.44	3.32	2.84	277.06	3.07	3.31	1.60
389.64	5.44	4.10	3.44	323.64	3.41	3.74	2.02

续表 6.6

时间/h	A 组梁编号			时间/h	B 组梁编号		
	L_{a1}、L_{a2}	L_{a3}、L_{a4}	L_{a5}、L_{a6}		L_{b1}、L_{b2}	L_{b3}、L_{b4}	L_{b5}、L_{b6}
425.64	5.74	4.29	3.74	383.64	3.60	4.01	3.00
475.64	5.94	4.87	3.79	425.64	3.82	4.32	3.81
547.64	6.34	5.13	3.94	519.64	4.13	5.00	4.40
616.14	6.84	5.32	4.54	591.64	4.32	5.27	5.01
686.14	7.14	5.70	4.74	658.14	4.40	5.45	5.52
758.14	7.54	6.10	5.14	730.14	4.60	5.91	5.90
830.14	7.84	6.42	5.34	802.14	4.80	6.30	6.20
902.14	7.94	6.77	5.74	874.14	4.91	6.60	6.44
974.14	8.04	7.21	6.04	946.14	5.14	6.89	6.63
1 046.14	8.34	7.46	6.24	1 090.14	5.43	7.61	6.80

根据表 6.6 绘制 A 组梁跨中长期挠度值随时间变化曲线,如图 6.18 所示。

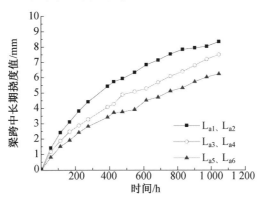

图 6.18　A 组梁跨中长期挠度值随时间变化曲线

从图 6.18 中可以看出,当对预应力胶合木张弦梁施加相同总预加力时,增加预应力钢丝数量可以减小梁跨中的长期挠度变化速率。本试验中,每增加两根预应力钢筋,挠度可以降低 10%~20%。

根据表 6.6 绘制 B 组梁跨中长期挠度值随时间变化曲线,如图 6.19 所示。

从图 6.19 中可以看出,未施加预应力的梁跨中长期挠度变化最小,主要原因是梁承担的荷载要明显小于其他两根施加预应力的梁所承担的荷载。对比其他两根施加预应力的梁跨长期挠度相对值,发现在试验前期其变化速率基本一致,但到试验中后期,施加的总预加力大的梁跨中总挠度变化速率逐渐减小,呈稳定趋势,而施加的总预加力较小的梁其挠度仍以相同速率增加。因此,对预应力胶合木张弦梁配置相同数量的预应力钢丝时,增加总预加力,预应力胶合木张弦梁长期挠度变化略有增大。

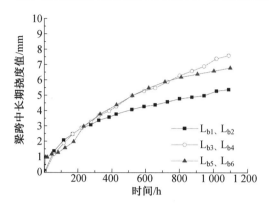

图 6.19　B 组梁跨中长期挠度值随时间变化曲线

6.4　预应力胶合木张弦梁长期挠度计算公式的建立

6.4.1　挠度增大影响系数 θ 的提取

在此假设预应力胶合木张弦梁长期加载挠度与瞬间加载挠度的比值为长期荷载作用对挠度增大的影响系数 θ，得到图 6.20 所示拟合曲线。

由图 6.20 可以得到，A、B 两组梁挠度的计算公式为

$$y = At^B + C \tag{6.7}$$

式中　y——梁跨中挠度值；

　　　t——试验时间 h；

　　　A、B、C——系数，详见表 6.7。

表 6.7　A、B 两组梁挠度计算公式对应系数值

系数	A 组梁编号			系数	B 组梁编号		
	L_{a1}、L_{a2}	L_{a3}、L_{a4}	L_{a5}、L_{a6}		L_{b1}、L_{b2}	L_{b3}、L_{b4}	L_{b5}、L_{b6}
A	0.446 15	0.583 03	0.224 59	A	0.841 47	0.583 03	0.118 36
B	0.423 82	0.410 90	0.491 80	B	0.298 42	0.410 90	0.586 33
C	− 0.105 91	1.807 94	4.202 87	C	1.825 59	1.807 94	− 17.928 15

根据式(6.7)，可计算得到每种预应力胶合木张弦梁 50 年的长期挠度值。预应力胶合木张弦梁 50 年长期挠度值及影响系数见表 6.8。

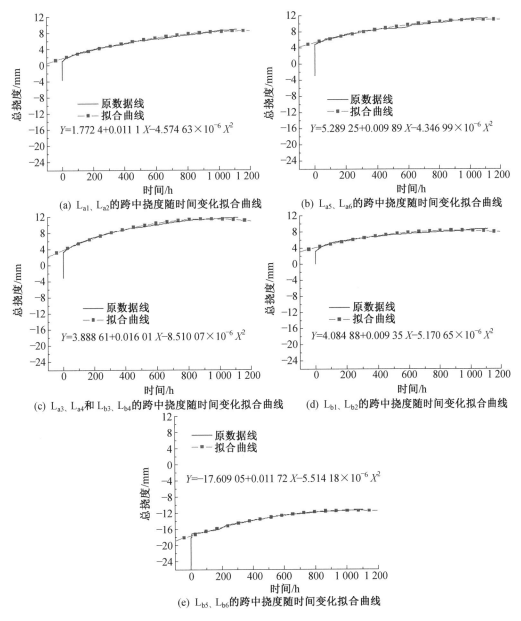

图 6.20　预应力胶合木张弦梁跨中挠度随时间变化拟合曲线

表 6.8　预应力胶合木张弦梁 50 年长期挠度值及影响系数

项目	A、B 两组梁编号					
	L_{a1}、L_{a2}	L_{a3}、L_{a4}	L_{a5}、L_{a6}	L_{b1}、L_{b2}	L_{b3}、L_{b4}	L_{b5}、L_{b6}
瞬时挠度 /mm	4.76	6.39	7.81	3.20	6.39	8.00
50 年长期挠度值 /mm	29.69	34.67	32.20	17.55	34.67	19.37
影响系数	5.24	4.43	3.12	4.48	4.43	1.42

由表 6.8 可以看出,A 组梁当预应力胶合木张弦梁总预加力相同时,预应力钢丝数量越多,挠度增大,影响系数越小;B 组梁当预应力钢丝相同时,总预加力数值越大,挠度增大,影响系数越小。

6.4.2　梁长期挠度计算公式

尽管对木材在长期荷载作用下的变形发展规律已有不少研究,但木结构受弯构件在正常使用荷载作用若干年后的实际变形到底有多大,还未有太多的确切结论。这主要是因为木材蠕变会影响结构的长期刚度,使得结构的长期刚度随荷载作用的时间增加而降低。目前,中外各国相关规定对其计算方法的规定也各有不同。

美国《木质建筑的国家设计规范》(NDS—2012)中关于受弯构件在设计基准期内的长期挠度

$$\Delta_T = K_{cr}\Delta_{LT} + \Delta_{ST} \tag{6.8}$$

式中　K_{cr}——与时间相关的变形系数,对于层板胶合木或气干木材取 1.5,非气干木材取 2.0;

Δ_{LT}——由准永久荷载组合产生的瞬时挠度;

Δ_{ST}——由短期荷载组合产生的挠度。

日本《木结构设计规范》规定计算长期变形时,要考虑长期变形系数,其计算式为

$$C_{cp} = 1 + at^N \tag{6.9}$$

式中　t——时间;

$a = 0.15 \sim 0.3$;

$N = 0.15 \sim 0.3$。

我国《木结构设计标准》(GB 50005—2017)由于缺乏对木结构长期变形的研究和积累,并没有给出长期变形的计算方法。但可以借鉴《混凝土结构设计规范》(GB 50010—2010)中对于受弯构件挠度计算方法的规定。提出预应力胶合木张弦梁长期受弯挠度计算的建议公式,即

$$w_{max} = 5 \times (q_{gk} + q_{qk}) \times L_o^4 / 384B \tag{6.10}$$

$$B = M_k / [M_q \times (\theta - 1) + M_k] \times B_s \tag{6.11}$$

式中　w_{max}——预应力胶合木张弦梁设计基准期内的总挠度;

B——受弯构件考虑荷载长期作用影响的刚度;

B_s——按标准组合计算的预应力受弯构件短期刚度;

θ——考虑荷载长期作用下预应力钢丝应力变化和木材蠕变的影响系数,取 1.6 ~ 3.0,可参考表 6.8 进行取值;

M_k——按荷载的标准组合计算的弯矩,取计算区段内的最大弯矩值;

M_q——按荷载的准永久组合计算的弯矩,取计算区段内的最大弯矩值;

q_{gk}——永久荷载标准值;

q_{qk}——可变荷载标准值;

L_o——受弯构件计算长度。

6.5　长期刚度计算

根据结构力学中"简单荷载作用下梁的挠度和转角"算法,当简支梁上作用一集中力时(图 6.21):

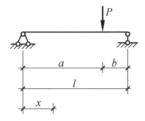

图 6.21　单个集中力作用下的简支梁计算简图

当 $0 \leqslant x \leqslant a$ 时,

$$w_x = \frac{pbx}{6EIl}(l^2 - x^2 - b^2)$$

当 $a < x \leqslant l$ 时,

$$w_x = \frac{pb}{6EIl}\Big[\frac{l}{b}(x-a)^2 + (l^2 - b^2)x - x^3\Big]$$

本试验中,三分点集中力作用下的计算分解如图 6.22 所示。

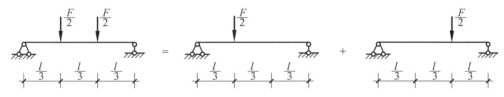

图 6.22　三分点集中力作用下的计算分解

即

$$W_{1/2} = w_{\text{left}} + w_{\text{right}} = 2\,w_{\text{left}}$$

当 $x = l/2, p = F/2, b = l/3$ 时,

$$w_{\text{right}} = \frac{F}{2}\,\frac{l}{3}\,\frac{l}{2}\,\frac{1}{6EIl}\Big(l^2 - \frac{l^2}{4} - \frac{l^2}{9}\Big) = \frac{Fl}{72EI}\,\frac{23}{36}l^2$$

$$w_{1/2} = 2w_{\text{right}} = 23Fl^3/(1\ 296EI)$$

试验中跨中弯矩 M 为

$$M = Fl/(2 \times 3) = Fl/6$$

试验对应的计算简图如图 6.23 所示。

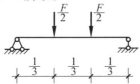

图 6.23　试验对应的计算简图

6.5.1　反拱计算

假定预应力钢丝与梁底初始距离为 h_1，施加预应力后，增加了 h_2（图 6.24），则反拱值为

图 6.24　反拱受力状态计算简图

预应力值的合理范围主要取决于施加预应力后，胶合木梁梁顶纤维的抗拉强度。将本试验中预应力胶合木张弦梁进行简化，预应力胶合木梁整体计算简图如图 6.25 所示。

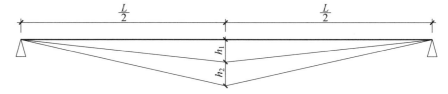

图 6.25　预应力胶合木梁整体计算简图

梁跨度为 L，施加预应力前，跨中位置钢丝与胶合木梁底距离为 h_1，施加预应力后钢丝与胶合木梁底距离在原有基础上增加 h_2。可求得施加预应力之前，预应力钢丝长度为 $L_1 = 2\sqrt{\left(\dfrac{L}{2}\right)^2 + h_1^2}$，而施加预应力后，预应力钢丝长度为 $L_2 = 2\sqrt{\left(\dfrac{L}{2}\right)^2 + (h_1 + h_2)^2}$，这个过程中预应力钢丝的伸长量为 $\Delta l_p = L_2 - L_1 = 2\left[\sqrt{\left(\dfrac{L}{2}\right)^2 + (h_1 + h_2)^2} - \sqrt{\left(\dfrac{L}{2}\right)^2 + h_1^2}\right]$，可求出施加预应力后，预应力钢丝的应变值：

$$\varepsilon_p = \frac{\Delta l_p}{L_1} = \frac{2\left[\sqrt{\left(\dfrac{L}{2}\right)^2 + (h_1 + h_2)^2} - \sqrt{\left(\dfrac{L}{2}\right)^2 + h_1^2}\right]}{2\sqrt{\left(\dfrac{L}{2}\right)^2 + h_1^2}} = \sqrt{\frac{\left(\dfrac{L}{2}\right)^2 + (h_1 + h_2)^2}{\left(\dfrac{L}{2}\right)^2 + h_1^2}} - 1$$

此时预应力钢丝的应力值为

$$\sigma_p = \varepsilon_p E_p = E_p\left[\sqrt{\frac{\left(\dfrac{L}{2}\right)^2 + (h_1 + h_2)^2}{\left(\dfrac{L}{2}\right)^2 + h_1^2}} - 1\right]$$

此时栓杆的轴向力为

$$F_{s2} = \frac{2\sigma_p A_p (h_1 + h_2)}{\sqrt{\left(\dfrac{L}{2}\right)^2 + (h_1 + h_2)^2}} = 2E_p A_p (h_1 + h_2)\left[\frac{1}{\sqrt{\left(\dfrac{L}{2}\right)^2 + h_1^2}} - \frac{1}{\sqrt{\left(\dfrac{L}{2}\right)^2 + (h_1 + h_2)^2}}\right]$$

将胶合木梁隔离出来分析其受力，将栓杆上的力以集中力的方式作用在梁跨中，此时胶合木梁隔离体计算简图如图 6.26 所示。

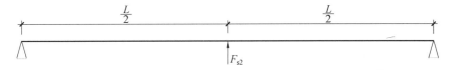

图 6.26　胶合木梁隔离体计算简图

此时，由 F_{s2} 引起梁跨中的起拱值为

$$f_2 = \frac{F_{s2}L^3}{48E_m I_m} = \frac{E_p A_p (h_1 + h_2) L^3}{24 E_m I_m} \left[\frac{1}{\sqrt{\left(\frac{L}{2}\right)^2 + h_1^2}} - \frac{1}{\sqrt{\left(\frac{L}{2}\right)^2 + (h_1 + h_2)^2}} \right]$$

外荷载总值（千斤顶）为 F，$\Delta h = h_2$ 时，梁的总变形为

$$\Delta = w_{1/2} - f_2$$

6.5.2　短期抗弯刚度

$$B_s = s \frac{Ml^2}{(\omega_{1/2} - f_2)} = \frac{23}{216} \frac{Ml^2}{(\omega_{1/2} - f_2)}$$

式中　s——与荷载形式、支承条件有关的系数，例如承受三分点加载的简支梁，$s = 23/216$。

6.5.3　长期抗弯刚度

$$B = M_k / [M_q \times (\theta - 1) + M_k] \times B_s$$

式中　B——受弯构件考虑荷载长期作用影响的刚度；

　　　B_s——按标准组合计算的预应力受弯构件短期刚度；

　　　θ——考虑荷载长期作用下预应力胶合木张弦梁的蠕变系数，取 $1.6 \sim 3.0$，可参考表 6.8 进行取值；

　　　M_k——按荷载的标准组合计算的弯矩，取计算区段内的最大弯矩值；

　　　M_q——按荷载的准永久组合计算的弯矩，取计算区段内的最大弯矩值。

6.6　本章小结

　　根据试验特点和要求，自行设计并制作了一套试验装置，本套装置的承载力和刚度较大，对试验结果的影响非常小；同时能够进行 5 根梁的长期受弯试验，效率较高；并且可以根据试验梁的长度调整支架间距，适用性好。根据受弯构件承载力与荷载效应间的关系，最终确定长期荷载为预应力胶合木张弦梁极限荷载的 30%。通过两个连续 45 天不间断的监测，得到了两组共计 10 根预应力胶合木张弦梁的试验数据，明确了预应力钢丝数量和总预加力数值对预应力钢丝应力变化及跨中挠度变化的影响：当预加力数值相同时，预应力钢丝数量越多，梁跨中挠度随时间增长的速度越慢，但预应力钢丝应力损失值越大，钢丝应力损失速度越快；当预应力钢丝数量相同时，随预加力数值增大，梁跨中挠度随时间增长的速度略有加快，预应力钢丝的应力损失值越大，但钢丝应力损失速度变慢。根据相关文献中关于受弯构件的长期挠度计算方法，提出了预应力胶合木张弦梁长期受弯的挠度计算公式。

第7章 基于蠕变影响的预应力胶合木张弦梁短期加载试验

木材和木质构件在持续荷载一段时间后,其强度和刚度都将有明显程度的降低。有研究表明:持续荷载 10 年的实木强度大致会降低 40%。这种因为蠕变而导致强度降低的现象通常称为荷载持续效应,该效应会直接影响到结构的承载力和变形,所以对比木质构件持续荷载前后的承载力大小是研究木结构受力性能需要考虑的重要问题。

完成预应力胶合木张弦梁长期加载试验后,通过对比未进行长期加载试验的梁,进行长期加载试验但变形不恢复的梁和进行长期加载试验且变形恢复至加载初始值的梁的极限荷载大小,得出荷载持续效应和预应力调控对预应力胶合木张弦梁极限荷载的影响程度和调控效果。

7.1 试验分组及加载制度

待预应力胶合木张弦梁长期加载试验结束后,继而对其进行短期加载破坏试验。试验分两组进行,一组的梁在长期加载试验后不做任何调整,直接进行短期加载破坏试验,试验梁分组基本信息见表 7.1;二组的梁在长期加载试验后先通过预应力调控将其跨中挠度恢复至加载初始值,再对其进行短期加载试验,试验梁分组基本信息见表 7.1。

表 7.1 试验梁分组基本信息

一组		二组	
梁编号	加载方式	梁编号	加载方式
L_{A1-1}		L_{A1-2}	
L_{A2-1}		L_{A2-2}	先加载至长期荷载值,再将梁挠度调回长期加载试验的初始值,最后进行短期加载破坏试验
L_{A3-1}	直接进行短期加载破坏试验	L_{A3-2}	
L_{B1-1}		L_{B1-2}	
L_{B2-1}		L_{B2-2}	
L_{B3-1}		L_{B3-2}	

试验采用三分点对称加载的方式进行,试验加载装置示意图如图 7.1 所示。

试验前,在梁试件的端部下表面铺垫钢垫板用以传递支座反力;梁一端钢垫板下设滚轴支承,另一端钢垫板下设固定轴支承,两轴支承垂直于梁长度方向,以保证简支梁的试

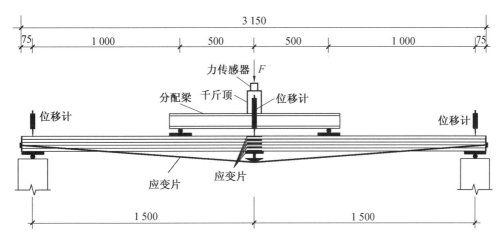

图 7.1　试验加载装置示意图

验要求,两轴间的距离即为梁的计算长度。加载前,在梁试件的上表面三分点位置处各放置一块钢垫板,在钢垫板上放置加荷弧形钢垫块,弧形钢垫块之上再加荷载分配梁,整套试验加载图如图 7.2 所示。

图 7.2　试验加载图

　　为了测量预应力胶合木张弦梁两端和跨中位置的挠度变形,在梁两端支座处各放置 1 个量程 50 mm 的位移计,同时在梁跨中位置放置 1 个量程 200 mm 的位移计。为了监测试验期间梁跨中和预应力钢丝的应力变化,将梁上和预应力钢丝上的应变片与机箱数据线相连。

　　加载时,对预应力胶合木张弦梁采用的加载工具为 6 t 千斤顶,加载方式为无冲击影响的逐级加荷方式。假定梁上施加的外荷载最大值为 $F = 30$ kN,则在 15 kN 之前按每级增加 $10\%F$ 的数值施加外荷载,达到 15 kN 之后按每级增加 $5\%F$ 的数值施加外荷载,试验梁加载制度基本信息见表 7.2。因测量设备无法直接读取力的数值,所以经过换算将力转化为仪器可以识别的应变值,这样对预应力胶合木张弦梁施加的外荷载数值就可以经由连接力传感器的静态应变测量系统实时对应显示,见表 7.2。此外,第一级加载值要除去梁上加载前放置的分配梁、千斤顶和力传感器等设备的质量。

表 7.2 试验梁加载制度基本信息

加载级别	加载值/kN	机箱显示值	备注
一级	3	79.75	
二级	6	142.17	
三级	9	204.59	
四级	12	267.00	
五级	15	329.42	当梁上施加的外荷
六级	16.5	360.63	载超过 30 kN 而梁仍
七级	18	391.84	未破坏时,按每级增加
八级	19.5	423.05	1 kN 的速度继续加载,
九级	21	454.26	直至梁破坏
十级	22.5	485.468	
十一级	24	516.68	
⋮	⋮	⋮	
xx级加载	30	641.51	

加载过程中,梁两端和跨中的挠度变化、预应力钢丝的应力变化和梁跨中位置的应力变化均由 JM3813 多功能静态电阻应变测量系统同步进行采集。

7.2 试验结果及分析

7.2.1 梁的试验现象及破坏形态

按表 7.2 的加载制度对一组的梁依次进行加载。在加载初期,梁上未发现任何异常,随着外荷载的逐渐增大,梁变形逐渐变大,其现象图如图 7.3 所示。

图 7.3 梁变形增大现象图

随着外荷载的继续增大,梁上出现清晰的开裂声,但观察梁外观并没有发现明显的开裂或破坏现象;当继续增加外荷载时,开裂声消失,分析原因为梁内部发生了应力重分布;再继续加载几个数量级后,梁上传出巨大的响声,并伴随有梁的层间或梁底开裂现象发生,一组梁的破坏形态如图 7.4 所示。

(a) 梁L_{A1-1}的破坏形态

(b) 梁L_{A2-1}的破坏形态

(c) 梁L_{A3-1}的破坏形态

(d) 梁L_{B3-1}的破坏形态

图 7.4　一组梁的破坏形态

对于一组中每根预应力胶合木张弦梁的从加载至破坏的具体情况记录,见表 7.3。

表 7.3　一组梁的加载情况记录表

梁编号	出现第一次开裂声时的加载值/kN	梁破坏的表现形式
L_{A1-1}	5.90	梁底面三分点位置层板断裂,断裂纹贯通梁底横截面,分别如图 7.4(a)和(b)所示
L_{A2-1}	8.21	
L_{A3-1}	13.23	靠近梁下表面胶层开裂导致梁底断裂,如图 7.4(c)所示
L_{B1-1}	5.65	靠近梁下表面的层板出现斜裂纹
L_{B2-1}	8.21	梁底面三分点位置层板断裂,断裂纹贯通梁底横截面,如图 7.4(a)所示
L_{B3-1}	15.69	梁底木节开裂,导致梁底层发生贯通横截面的断裂纹,如图 7.4(d)所示

在对二组的预应力胶合木张弦梁进行正式加载前,需先进行预应力调控,预应力胶合木张弦梁预应力调控图如图 7.5 所示。

二组预应力胶合木张弦梁在加载过程中的试验现象与一组梁相似,其破坏形态如图 7.6 所示。

同理,对于二组中每根预应力胶合木张弦梁的从加载至破坏的具体情况记录,见表 7.4。

图 7.5　预应力胶合木张弦梁预应力调控图

(a) 梁三分点侧表面起褶皱

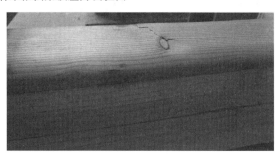

(b) 梁上表面出现斜纹

图 7.6　二组梁的破坏形态

表 7.4　二组梁的加载情况记录表

梁编号	出现第一次开裂声时的 加载值/kN	梁破坏的表现形式
L_{A1-2}	14.80	梁三分点位置下表面开裂
L_{A2-2}	23.50	梁三分点位置的侧表面起褶皱,如图 7.6(a)所示;挠度继续增大,外荷载数值不变
L_{A3-2}	29.80	梁上表面出现斜纹,如图 7.6(b)所示;挠度继续增大,外荷载数值不变
L_{B1-2}	17.44	梁三分点位置下表面开裂
L_{B2-2}	23.50	梁三分点位置的侧表面起褶皱,如图 7.6(a)所示;挠度继续增大,外荷载数值不变

　　总结图 7.4 和图 7.6 可知,预应力胶合木张弦梁主要的破坏形态有以下几种情况:竖向荷载超过梁极限荷载造成梁下表面受拉破坏或上表面受压破坏,如图 7.4(a)、(b)和图 7.6 所示;横向层间力过大造成开胶使梁发生层板开裂破坏,如图 7.4(c)所示;梁上木节处因应力集中造成破坏,如图 7.4(d)所示。

　　通过对比、统计发现一组梁的破坏形态多为梁下表面受拉破坏,而二组梁的破坏形态则多为上表面受压破坏。梁预应力调控前后截面应力分析图如图 7.7 所示。对长期加载后的预应力胶合木张弦梁进行预应力调控,使梁上的预加力增大,从而使预应力钢丝应力变大。根据截面应力平衡原理,胶合木材的压应力变大,截面中性轴下移,胶合木压区面积变大,拉区面积变小,对梁施加外荷载时,梁上表面会比下表面先达到极限强度值,因此更加容易发生受压破坏。

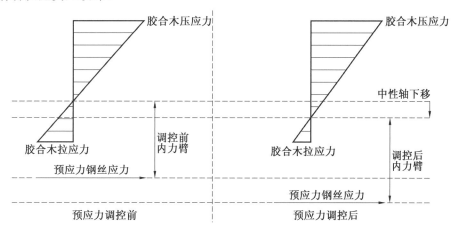

图 7.7　梁预应力调控前后截面应力分析图

7.2.2　梁的极限荷载对比分析

将基于蠕变影响的一组预应力胶合木张弦梁和没有蠕变影响的梁进行极限荷载数值对比,其结果见表 7.5。

表 7.5　一组梁与没有蠕变影响的梁的极限荷载对比情况

梁编号	极限荷载/kN	极限荷载百分比/%	梁编号	极限荷载/kN	极限荷载百分比/%
$L_{1,1}$	21.02	100	$L_{0,2}$	19.33	100
L_{A1-1}	12.75	60.66	L_{B1-1}	16.51	85.41
$L_{1,2}$	24.42	100	$L_{1,2}$	24.42	100
L_{A2-1}	17.09	69.98	L_{B2-1}	17.09	69.98
$L_{1,3}$	23.03	100	$L_{2,2}$	23.92	100
L_{A3-1}	16.32	70.86	L_{B3-1}	20.81	87.00

注:表中梁 $L_{1,1}$、$L_{1,2}$、$L_{1,3}$ 为没有蠕变的梁,其试验结果由预应力胶合木张弦梁短期受弯试验得到,此处直接借用

由表 7.5 可知,在长期加载试验后,A、B 两组(分组方式详见 6.1.1 节)预应力胶合木张弦梁的极限荷载均有下降,其中 A 组梁的极限荷载下降了 29.14%～39.34%,且钢丝数量越多,极限荷载下降的幅度越小;B 组梁的极限荷载下降了 13%～30.02%,预加力大小对极限荷载下降的幅度影响没有直接规律。分析梁极限荷载下降的原因是:胶合木蠕变导致预应力钢丝的应力降低,进而使施加在梁上的预应力减小。另外,由表 7.5 可以看出,增加预应力钢丝数量或者增加总预加力可以有效控制梁极限荷载的下降。

将基于蠕变影响的二组预应力胶合木张弦梁和没有蠕变影响的梁进行极限荷载数值

对比,其结果见表7.6。其中,梁L_{B3-2}在长期加载试验完成后的搬动过程中因操作失误,造成梁的损坏,故而缺少该编号梁长期加载后的短期破坏试验数据。

表7.6 二组梁与没有蠕变影响的梁的极限荷载对比情况

梁编号	极限荷载/kN	极限荷载百分比/%	梁编号	极限荷载/kN	极限荷载百分比/%
$L_{1,1}$	21.02	100	$L_{0,2}$	19.33	100
L_{A1-2}	23.59	112.23	L_{B1-2}	33.78	174.75
$L_{1,2}$	24.42	100	$L_{1,2}$	24.42	100
L_{A2-2}	31.76	130.06	L_{B2-2}	31.76	130.06
$L_{1,3}$	23.03	100	$L_{2,2}$	23.92	100
L_{A3-2}	40.08	174.03	L_{B3-2}	—	—

由表7.6可知,对蠕变后的预应力胶合木张弦梁进行预应力调控后的极限荷载有明显程度的提高,其中A组梁提高了12.23%~74.03%;B组梁提高了30.06%~74.75%。分析梁极限荷载提高的原因是:在持荷的状态下,要使梁挠度恢复到加载的初始状态需要更大的预加力,因此梁跨中的内力臂增大;另一方面,胶合木本身的应力状态也与外荷载作用下,梁底受拉、梁顶受压的受力状态相差得更多,需要更多的外荷载先平衡这部分应力。

7.2.3 外荷载－梁挠度关系曲线

为了对比基于蠕变影响的一组预应力胶合木张弦梁和没有蠕变影响的梁的外荷载与挠度间变化规律的异同,绘制一组梁与没有蠕变影响的梁外荷载－挠度曲线,如图7.8所示。为方便对比现做出以下规定:加载初始时梁的跨中挠度值均为零,挠度向下为正,反之为负;原点表示梁没有发生变形。

由图7.8(a)可知,A组梁的外荷载和挠度变化规律与没有蠕变影响的梁的变化规律大体一致,说明A组梁在进行长期加载试验后,预应力胶合木张弦梁的刚度和延性没有受到太大影响。由图7.8(b)可知,B组梁的外荷载与挠度变化规律曲线均位于没有蠕变影响的梁的变化规律曲线的上方,说明B组梁在进行长期加载试验后,预应力胶合木张弦梁的刚度变大,而延性下降。

同理,为了对比基于蠕变影响的二组预应力胶合木张弦梁和没有蠕变影响的梁的外荷载与挠度间变化规律的异同,绘制二组梁与没有蠕变影响的梁外荷载－挠度曲线,如图7.9所示。

由图7.9可以看出,二组梁的外荷载与挠度变化规律曲线均位于没有蠕变影响的梁的变化规律曲线的上方,即梁挠度相同时二组梁承担的外荷载均大于没有蠕变影响的梁,例如当所有梁挠度值为40 mm时,二组梁所承担的外荷载值比没有蠕变影响的梁多了33.08%~118.82%,也就是说二组梁的刚度要比没有蠕变影响的梁的刚度大。综上可得,预应力调控能使预应力胶合木张弦梁的刚度提高,且预应力钢丝数量越多,刚度提高得越多;但同时也会使梁的延性下降。

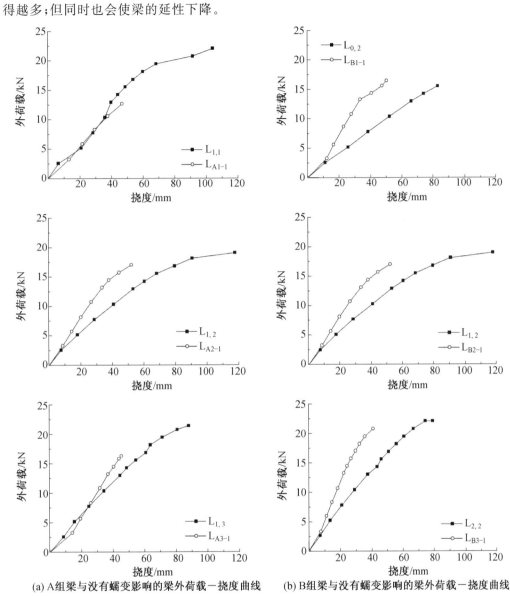

(a) A 组梁与没有蠕变影响的梁外荷载－挠度曲线　　(b) B 组梁与没有蠕变影响的梁外荷载－挠度曲线

图 7.8　一组梁与没有蠕变影响的梁外荷载－挠度曲线

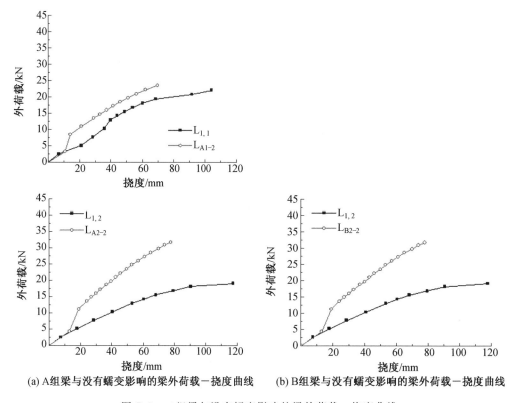

(a) A组梁与没有蠕变影响的梁外荷载－挠度曲线　(b) B组梁与没有蠕变影响的梁外荷载－挠度曲线

图 7.9　二组梁与没有蠕变影响的梁外荷载－挠度曲线

7.3　本章小结

对比进行长期加载试验的预应力胶合木张弦梁和没有进行长期加载试验的梁的受弯极限荷载大小,其中 A 组梁的极限荷载下降了 29.14％～39.34％;B 组梁的极限荷载下降了 13％～30.02％。由此可见,胶合木蠕变对预应力胶合木张弦梁极限荷载是有影响的,其影响程度随预应力钢丝数量和总预加力数值不同而不同。

对比进行长期加载试验且变形恢复至加载初始值的预应力胶合木张弦梁和没有进行长期加载试验的梁的受弯极限荷载大小,其中 A 组梁的极限荷载提高了 12.23％～74.03％;B 组梁的极限荷载提高了 30.06％～74.75％。由此可见,本试验中的预应力胶合木张弦梁可以实现预应力调控,且调控效果非常明显。

通过对比基于蠕变影响的预应力胶合木张弦梁和没有蠕变影响的梁的外荷载与挠度的对应变化规律,分析预应力调控对预应力胶合木张弦梁刚度的影响。

第 8 章 张弦及加载方式优化研究

8.1 端部锚固装置的改进与优化

8.1.1 原端部锚固装置的不足

原锚固装置中,通过在每根梁的两端均由底部局部开 2 道楔形槽的方式来放置预应力钢丝,楔形槽宽度为 8 mm,在梁的端部,楔形槽的高度为 64 mm,在距梁端 875 mm 处,楔形槽高度为 0,二者之间线性减小,开槽胶合木梁加工图如图 8.1 所示。并在胶合木梁的端部放置尺寸为 100 mm×100 mm×15 mm 的钢垫板,使预应力钢丝与胶合木梁通过钢垫板和镦头锚具结合在一起,原端部锚固装置示意图如图 8.2 所示。

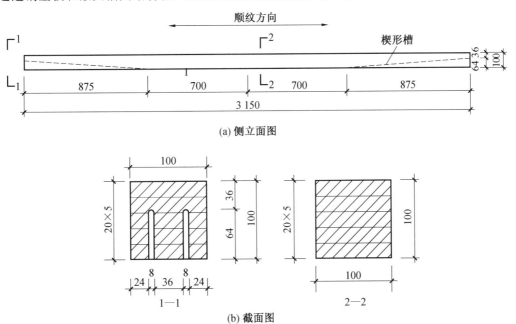

图 8.1 开槽胶合木梁加工图

按此方法加工的胶合木张弦梁在受弯性能和经济性方面较非预应力胶合木梁有较大程度的提高,但仍然存在以下问题。

① 在胶合木梁的端部开槽,使截面削弱。

② 锚固装置在胶合木中部,钢丝和胶合木之间没有足够的距离,导致伸长钢丝时,木梁的预加效果不理想。

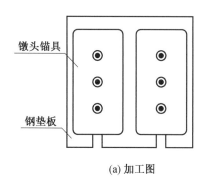

(a) 加工图   (b) 实物图

图 8.2 原端部锚固装置示意图

③ 在破坏截面处,钢丝在受弯状态时,在胶合木梁的三分点处,胶合木下部仍然受拉,无法实现全截面受压。

8.1.2 "体外型"端部锚固装置的提出

据此,提出一种"体外型"端部锚固装置。在胶合木梁的端部放置尺寸为 150 mm×100 mm×15 mm 的钢垫板,使预应力钢丝与胶合木梁通过钢垫板和镦头锚具结合在一起,避免了直接在胶合木梁上开槽而削弱梁的截面,示意图如图 8.3 所示,实物图如图8.4所示。

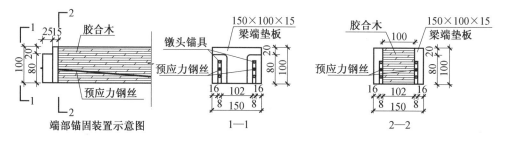

图 8.3 "体外型"端部锚固装置示意图

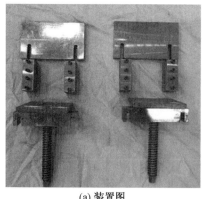

(a) 装置图   (b) 试验图

图 8.4 "体外型"端部锚固装置实物图

可以看出,预应力钢丝在胶合木梁侧通过,通过锚具和钢垫板与胶合木梁结合在一起,避免了在胶合木梁上开槽而引起的应力集中,具有以下优点。

① 加工简单,只需加大钢垫板和转向块的宽度即可。

② 操作方便,操作方法与原端部锚固装置相同。

③ 采用体外配筋,避免在胶合木梁上开槽,经济性好,利于推广,可用于加固工程。

8.1.3　两种端部锚固装置梁的对比试验

1.试验分组

预应力胶合木试验梁采用的是丝扣拧张横向张拉装置,分别采用以上两种端部锚固装置进行胶合木梁的受弯试验。将 6 根尺寸为 3 150 mm×100 mm×100 mm 的胶合木梁分成两组,每组包括相同的梁 3 根,所有梁中胶合木部分的选材均为 SPF(云杉－松木－冷杉)。对其中的一组胶合木梁进行开槽,将其编号为 $LC_{2.2}$,另一组胶合木梁编号为 $L_{2.2}$,均采用两点张拉、两点加载的方式,所有试验均用 2 根直径为 7 mm 的低松弛1 570级预应力钢丝作为预应力筋,试件分组见表 8.1。

表 8.1　试件分组

试验组序号	梁编号	端部锚固装置	数量	预应力筋根数	预加力大小 /kN	加载方式
1	$LC_{2.2}$	"开槽型"锚固装置	3	2	3.8	两点张拉,两点加载
2	$L_{2.2}$	"体外型"锚固装置	3	2	3.8	两点张拉,两点加载

为了综合比较两种端部装置的性能,从梁的承载能力、变形性能、破坏形态等方面进行对比分析。

2.加载制度

在预应力施加阶段,拧转栓杆,预应力钢丝与胶合木梁之间的距离逐渐增大,胶合木梁产生反拱,且反拱值随着栓杆的旋转而逐渐增大,并时刻关注钢丝的应变值,当预应力值达到预定的 3.8 kN 时,停止旋转栓杆,预应力施加结束,此时胶合木张弦梁变形情况如图 8.5 所示。

采集并记录数据后,将支座、分配梁、千斤顶等试验设备放置在预应力胶合木张弦梁上,如图 8.6 所示。试验设备的自重作用会使预应力胶合木张弦梁的反拱值有所下降,加装设备的过程中暂停数据采集,待所有加载装置都放置稳定后,用应变箱采集各应变片和位移计的数值,并将与压力传感器相连的 DH3818 静态应力应变测试分析系统打开、归零,开始进行千斤顶加载。

采用三分点对称两点加载方式,用 32 t 千斤顶进行分级加载,并通过 10 t 压力传感器来显示每级荷载大小。预估梁的极限荷载为 28 kN,加载初期,取极限荷载的 10%～

图 8.5　预应力施加完成后胶合木张弦梁变形情况

图 8.6　加载设备安装后的胶合木张弦梁

20%进行弹性阶段加载,即以 2.8 kN—5.2 kN—2.8 kN 为一个周期,如此重复 5 次,第二阶段从 2.8 kN 开始加载,荷载以 2.8 kN 逐级递增至预估极限荷载的 50%,即 2.8 kN—5.6 kN—8.4 kN—11.2 kN—14 kN;第三阶段从 14 kN 开始加载,荷载以 1.4 kN 逐级递增,加载至梁失效。每加载 1 次,持荷 1 min,观察试验现象,记录试验数据。

在支座和跨中共放置 3 个位移计,在三分点处沿梁高贴 5 个应变片,每根钢筋跨中贴一个应变片,所有的应变及位移值均由 DH3816N 静态应力应变测试分析系统读取。

3.主要试验现象

选取每组有代表性的梁,其破坏形态如图 8.7 所示。

如图 8.7(a)所示,加载初期,胶合木梁中无明显裂缝和开裂声响;当加载至 19.6 kN 时,胶合木梁中产生一声巨大的声响,倒数第二层与第三层层板出现开裂,千斤顶的反力值有所下降;继续加载接近 21 kN 时,跨中近左三分点处梁底受拉破坏,千斤顶反力值迅速减小,该梁已经失效。

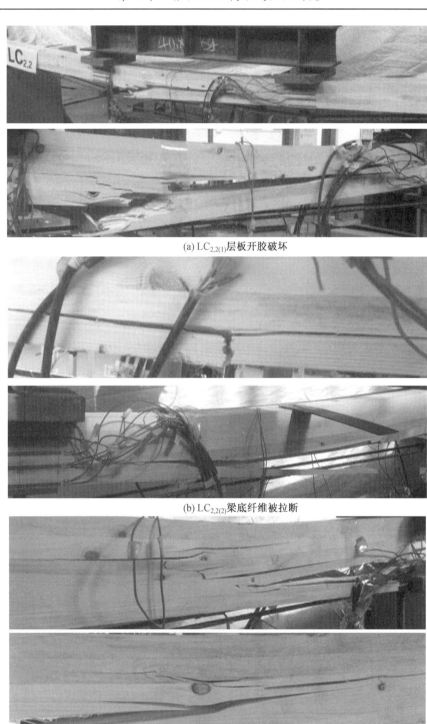

(a) LC$_{2,2(1)}$层板开胶破坏

(b) LC$_{2,2(2)}$梁底纤维被拉断

(c) LC$_{2,2(3)}$水平通缝破坏

图 8.7　梁的破坏形态

(d) LC$_{2,2(1)}$延性破坏

续图 8.7

如图 8.7(b)所示，L$_{2,2(1)}$在加载初期，胶合木梁中无明显裂缝和开裂声响；当加载至 15.4 kN时，胶合木梁跨中产生轻微开裂声；当加载至 18.2 kN 时，跨中最底层层板处开裂，破坏较突然，且无明显征兆，此时千斤顶反力值迅速减小，继续加载，荷载值保持不变，梁挠度不断增加，表明该梁已经失效。

如图 8.7(c)所示，由于胶合木梁中存在较多木节，加载初期，胶合木梁跨中木节不断发生开裂；随着荷载的增加，木梁中持续不断出现"噼、啪"的木节开裂的声响；当加载至 16.8 kN 时，右三分点处木节出现较大开裂声，并出现第一条裂缝；当加载至 19.6 kN 时，裂缝的不断开展导致右三分点处梁底发生受拉破坏。

如图 8.7(d)所示，加载初期，梁中木节出现轻微开裂声；随着荷载的加大，梁顶木纤维出现褶皱，同时伴有持续不断的内部木纤维被拉断的声响，梁截面产生较大的塑性变形；当加载至 21 kN 时，在梁底纯弯段发生破坏，破坏前有明显预兆，属于延性破坏。

4.极限荷载与破坏形态

将每根梁的破坏形态和极限荷载进行总结，见表 8.2。

表 8.2 各试验组梁极限荷载与破坏形态

组别	梁编号	极限荷载/kN		破坏形态
		试验值	平均值	
	LC$_{2,2(1)}$	19.6		层板开胶
LC$_{2,2}$	LC$_{2,2(2)}$	18.2	19.13	梁底纤维被拉断
	LC$_{2,2(3)}$	19.6		水平通缝
	L$_{2,2(1)}$	21		延性破坏
L$_{2,2}$	L$_{2,2(2)}$	18.2	19.60	梁底纤维被拉断
	L$_{2,2(3)}$	19.6		延性破坏

由表 8.2 可知，对胶合木梁进行开槽时，其破坏形态有三种：层板开胶破坏、梁底纤维被拉断、水平通缝破坏，这三种破坏形态较为突然，破坏前无明显征兆，属于脆性破坏；采用"体外型"端部锚固装置，其破坏形态有两种：延性破坏和梁底纤维被拉断。造成其产生

不同的破坏形态的原因是:对胶合木梁进行开槽会削弱胶合木梁的截面,使胶合木梁截面受力不均匀,当层板间的剪应力达到胶黏强度时,层板就会发生开胶破坏;木节和裂纹的存在会进一步削弱胶合木梁,在加载过程中,使其在木节或裂纹处率先产生水平通缝,如果木节存在于梁底,就会使梁底的木纤维被拉断,导致胶合木梁失效。而采用"体外型"端部锚固装置,避免了在胶合木梁上开槽,保持了胶合木梁截面的完整性,加载过程中一般是先在跨中胶合木梁顶部起褶,随着加载的进行,内部木纤维持续不断地被拉断,木梁产生较大的塑性变形,直到达到极限荷载时,梁底纤维受拉破坏,破坏前有明显的征兆,具有良好的延性。

　　对比在两种不同的锚固装置下胶合木梁的极限荷载,发现其变化并不大,这是因为:胶合木梁的破坏位置均发生在纯弯段,而对胶合木梁进行开槽是在胶合木梁端部开槽,并不影响其破坏位置,因此对胶合木梁进行开槽并不会使其承载力减小。

5.荷载-挠度曲线

　　在胶合木梁的两端支座处分别放置一个量程为 50 mm 的位移计,用来测量两端支座处的位移;在跨中放置一个量程为 150 mm 的位移计,用来测量跨中位移。在加载过程中,胶合木梁两端支座处产生向上的位移,跨中产生向下的位移,取某一级荷载下跨中的位移与两支座位移的平均值之和,作为该级荷载所对应的梁的位移,以每一级荷载为纵轴,每一级荷载所对应的梁的位移为横轴,即可画出该梁的荷载-位移曲线。分别在每组梁中选取一根有代表性的梁,得到两组梁荷载-挠度曲线,如图 8.8 所示。

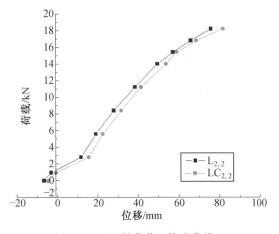

图 8.8　两组梁荷载-挠度曲线

　　由图 8.8 可知,两组梁的荷载-挠度曲线几乎是平行的,这说明两种锚固装置对梁刚度的影响并不大,且两条曲线在加载初期均出现了斜率增大、刚度增强的现象,这是因为施加预应力后梁产生反拱的现象,随着加载的进行,梁反拱消失变成正挠度,导致其刚度增强。加载后期,两条曲线均出现刚度退化的现象,这是因为胶合木梁有塑性发展的趋势。$L_{2,2}$ 曲线一直处于 $LC_{2,2}$ 曲线上,说明:当梁发生相同位移时,采用"体外型"端部锚固装置的梁能承受较高的荷载;当施加相同荷载时,采用"体外型"端部锚固装置的梁能发生较小的位移。

综上所述,"体外型"端部锚固装置不能提高梁的承载力和刚度,但可以在一定程度上优化梁的性能。

6. 荷载－应变曲线

为了更为直观地反映在每级荷载作用下胶合木梁中各层板和钢筋的受力与变形情况,在每组梁中选取一根有代表性的梁,取每层板和钢筋的应变为横轴,每一级荷载为纵轴,得到其荷载－应变曲线,如图 8.9 所示。图中坐标轴左侧为受压区,右侧为受拉区;层板 1 为梁顶层板,层板 5 为梁底层板,其余应变片沿梁高在每层层板中间布置。

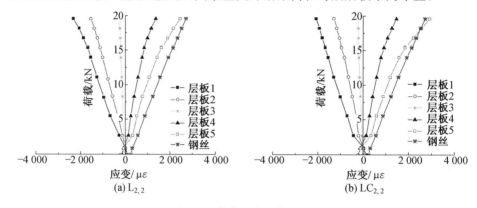

图 8.9　荷载－应变曲线

对比两种锚固装置下的荷载－应变曲线,可以看出,采用"体外型"锚固装置与原锚固装置胶合木梁各层板的受力和变形较为相似,都是 1、2、3 层板受压,4、5 层板受拉,说明对胶合木梁开槽并不会影响其各层板的受力和变形。在加载初期各测点的应变值随荷载的增加基本呈现线性增长的趋势,加载后期 $L_{2,2}$ 曲线出现外扩现象,且梁顶压应变随荷载增长的速度变慢,这是因为梁顶受压区产生褶皱,这与试验现象也是相符的。

7. 截面－应变曲线

为了更直观地反映各个加载阶段预应力胶合木梁截面应变沿截面高度的变化情况,在每组梁中选取一根有代表性的梁,取各级荷载稳定后截面不同位置的应变为横轴,梁的截面高度为纵轴,得到各级荷载下截面沿高度的应变曲线。X 轴为木材应变,当木材受压时为负,受拉时为正。Y 轴为木梁的截面高度,以胶合木梁底边为 0 起算,各条曲线与 Y 轴交点为对应荷载级别下中和轴的位置。截面－应变曲线如图 8.10 所示。

由图 8.10 可知,在两种锚固装置下中和轴位置均在 1/2 梁高偏下 3 mm 处,并且随着荷载的增加中和轴位置保持不变。说明对胶合木梁开槽并不会影响其中和轴的位置,也不会改变梁的受压区面积。

胶合木梁截面应变沿截面高度基本呈线性分布,其中 $L_{2,2}$ 在梁顶位置的应变沿截面高度变化曲线斜率增大,这是因为木梁发生破坏时,梁顶应变片产生褶皱,但不影响曲线整体的线性走势,说明胶合木梁截面应变分布符合平截面假定。

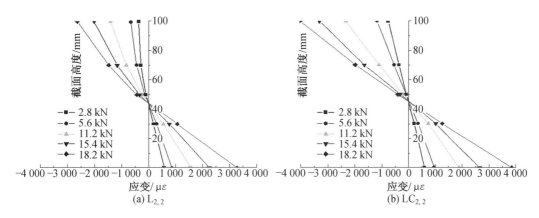

图 8.10　截面－应变曲线

8. 结论

据此可以得出如下结论。

"体外型"端部锚固装置不能提高梁的承载力和刚度,但可以在一定程度上优化梁的性能。

对胶合木梁进行开槽时,其破坏形态有三种:层板开胶破坏、梁底纤维被拉断、水平通缝破坏,这三种破坏形态较为突然,破坏前无明显征兆,属于脆性破坏。采用"体外型"端部锚固装置,其破坏形态有两种:延性破坏和梁底纤维被拉断。

两种端部锚固装置下,预应力胶合木梁中沿梁高截面应变随截面高度均呈线性变化,符合平截面假定;并且随着荷载的增加,中和轴的位置保持不变。

8.2　不同张弦方式与加载方式下梁的受弯性能试验研究

8.2.1　试验概况

1. 试件设计与分组

本次试验参考 *Structural Glued Laminated Timber* (ANSI／AITC A190.1—2007) 以及《胶合木结构技术规范》(GB/T 50708—2012) 进行设计。

制作 12 根尺寸为 3 150 mm×100 mm×100 mm 的胶合木梁,所有梁中胶合木部分的选材均为 SPF(云杉－松木－冷杉),梁跨度沿着木材的顺纹方向,胶合木梁截面图如图 8.11 所示。采用"体外型"端部锚固装置(8.1.2 节),在胶合木梁的端部放置尺寸为 150 mm×100 mm×15 mm 的钢垫板,使预应力钢丝与胶合木梁通过钢垫板和镦头锚具结合在一起。所有试验均用直径为 7 mm 的低松弛 1 570 级预应力钢丝作为预应力筋。

本试验主要研究张弦及加载方式对预应力胶合木张弦梁受弯性能的影响,故将 12 根尺寸为 3 150 mm×100 mm×100 mm 的胶合木梁分成四组,每组包括相同的梁 3 根,所有梁中胶合木部分的选材均为 SPF(云杉－松木－冷杉);并将预应力胶合木张弦梁编号

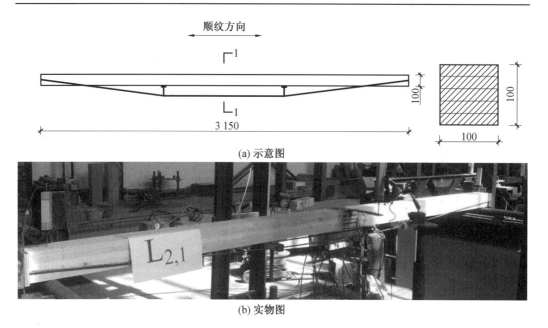

(a) 示意图

(b) 实物图

图 8.11 胶合木梁截面图

为 $L_{m,n}$，其中 m 表示张弦点数量，n 表示加载点数量。具体试件分组见表 8.3。

表 8.3 试件分组

试验组序号	梁编号	数量	预应力筋根数	预加力大小/KN	锚固装置	加载方式	加载示意图
1	$L_{1,1}$	3	2	3.8	体外型	一点张拉 一点加载	
2	$L_{1,2}$	3	2	3.8	体外型	一点张拉 两点加载	
3	$L_{2,1}$	3	2	3.8	体外型	两点张拉 一点加载	
4	$L_{2,2}$	3	2	3.8	体外型	两点张拉 两点加载	

2.棱柱体抗压试验与顺纹抗拉试验

根据现行规定的试验方法,首先采用电液伺服万能试验机对 12 根尺寸为 100 mm×100 mm×300 mm 的 SPF 棱柱体试块进行顺纹抗压试验,采用液压万能试验机对 12 根抗拉件进行顺纹抗拉试验,如图 8.12 所示。

(a) 棱柱体抗压试验

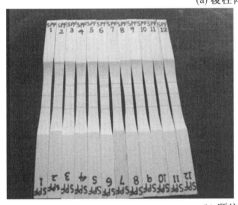 

(b) 顺纹抗拉试验

图 8.12　木材材性试验

经试验得出 SPF 抗拉强度、抗压强度、弹性模量见表 8.4,试验所用钢丝均采用7 mm低松弛 1 570 级预应力钢丝。

表 8.4　木材和钢丝主要性能指标

	抗拉强度/MPa	抗压强度/MPa	弹性模量/ MPa
SPF	78.2	32.2	10 350.2
钢丝	1 570	—	206 000.0

3.试件安装

首先,用铅笔在胶合木梁上画出支座位置、加载点位置、张弦点位置、应变片粘贴位置,再将张弦装置用调好的 AB 胶粘在画好的位置,静置大约 10 min,使张弦装置与胶合木梁紧密结合在一起。在此期间进行预应力钢丝的截取,首先用卷尺量取规定长度的钢丝,为保证预应力钢丝的松紧程度一致,两点张弦时为 3 262 mm,一点张弦时为 3 260 mm,钢丝虽已进行调直,仍要保证量取时卷尺与钢丝紧密贴合,并量取两遍使数据更为准确。预应力钢丝截取如图 8.13 所示,并用镦头机进行镦头,加压至 20 MPa,预应力钢丝镦头如图 8.14 所示。

(a) 砂轮机截断

(b) 钢筋断头

图 8.13   预应力钢丝截取

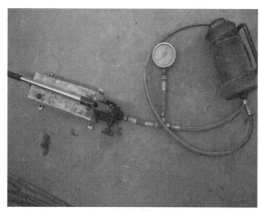

(a) 镦头机

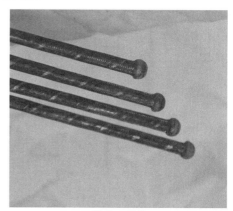

(b) 镦头后钢丝

图 8.14   预应力钢丝镦头

将镦头后的钢丝放入镦头锚具中,并将螺栓拧紧,通过钢垫板与胶合木梁结合在一起。在张弦装置的转向块的凹槽中涂抹润滑油,并将钢丝放入其中。预应力钢丝安装如图 8.15 所示。

(a) 锚固装置处　　　　　　　　　　　　　　(b) 转向块处

图 8.15　预应力钢丝安装

4. 加载方式及测点布置

整个试验分为三个步骤:对木梁施加预应力、加装设备和千斤顶加载。

首先通过拧张螺杆来施加预应力,保证每根胶合木梁张弦后钢丝底距梁顶的距离大约为 160 mm,预应力大小为 3.8 kN,加装设备前首先对设备进行称重,梁上设备称重图如图 8.16 所示,两点加载时设备总重为 0.968 kN,一点加载时设备总重为 0.492 kN,并记入加载总重中。

图 8.16　梁上设备称重图

本试验共有四种不同的张弦加载方式,$L_{1,1}$、$L_{1,2}$、$L_{2,1}$、$L_{2,2}$ 的加载装置及测点布置的示意图与实物图如图 8.17~8.20 所示。加载制度仍采用分级加载方式,同 8.1.3 节。

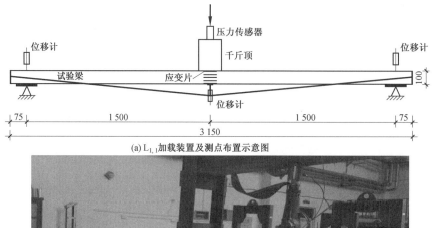

(a) L$_{1,1}$加载装置及测点布置示意图

(b) L$_{1,1}$加载装置及测点布置实物图

图 8.17　L$_{1,1}$加载装置及测点布置图

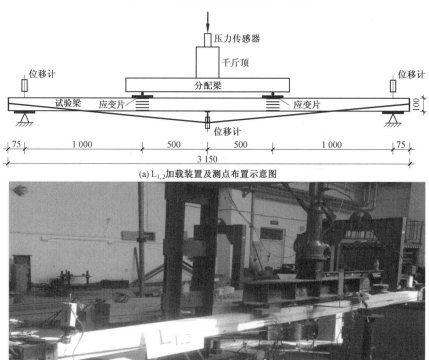

(a) L$_{1,2}$加载装置及测点布置示意图

(b) L$_{1,2}$加载装置及测点布置实物图

图 8.18　L$_{1,2}$加载装置及测点布置图

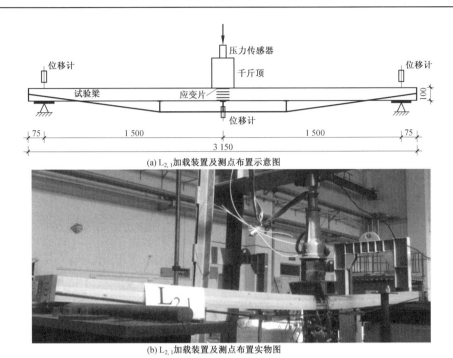

(a) $L_{2,1}$ 加载装置及测点布置示意图

(b) $L_{2,1}$ 加载装置及测点布置实物图

图 8.19　$L_{2,1}$ 加载装置及测点布置图

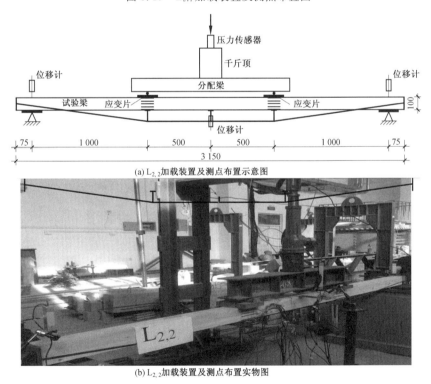

(a) $L_{2,2}$ 加载装置及测点布置示意图

(b) $L_{2,2}$ 加载装置及测点布置实物图

图 8.20　$L_{2,2}$ 加载装置及测点布置图

8.2.2 试验现象与破坏形态

1. 主要破坏形态

采用上述四种不同的张弦加载方式对预应力胶合木梁进行抗弯试验,选取每组有代表性的梁,其破坏形态如图 8.21 所示。图 8.21 中共涉及四种破坏形态。

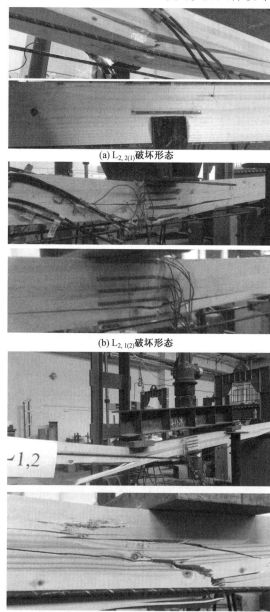

(a) $L_{2,2(1)}$ 破坏形态

(b) $L_{2,1(2)}$ 破坏形态

(c) $L_{1,2(2)}$ 破坏形态

图 8.21　各组梁的破坏形态

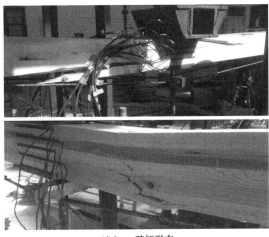

(d) $L_{1,1(2)}$ 破坏形态

续图 8.21

（1）延性破坏。如图 8.21（a）$L_{2,2(1)}$ 所示，加载过程中，梁中木节首先出现轻微开裂声，随着荷载加大，梁顶木纤维出现褶皱，同时伴有持续不断的内部木纤维被拉断的声响，梁截面产生较大的塑性变形，最后在纯弯段梁底受拉破坏，破坏前有明显预兆，属于延性破坏。

（2）水平通缝破坏。如图 8.21（b）$L_{2,1(2)}$ 所示，加载初期梁底木节处首先发生开裂，木节的开裂导致梁底层板间开裂，最终引起水平通缝破坏，破坏比较突然，属于脆性受拉破坏。

（3）劈裂破坏。如图 8.21（c）$L_{1,2(2)}$ 所示，加载初期三分点木节处首先开裂，加载至极限荷载时，木梁在三分点处折断，整个加载装置倾斜，卸载过程中由于钢丝的作用木梁变形逐渐恢复。这是因为随着加载的进行，钢丝移动到木梁中和轴偏上位置，钢丝起到的作用不再明显，使木梁承受较大的拉力，从而发生破坏。破坏较突然，属于脆性受拉破坏。

（4）脆性受拉破坏。图 8.21（d）$L_{1,1(2)}$ 所示，加载初期无明显破坏征兆，加载过程中出现一声大响，在梁底近跨中位置发生受拉破坏，破坏较为突然，且破坏前无明显征兆，梁顶受压区无褶皱。

2. 理论弯矩图与实际破坏现象对比

画出四种不同的张弦加载方式的理论弯矩图，首先分别画出一点张弦、两点张弦和一点加载、两点加载的弯矩图，再将不同张弦和不同加载方式的弯矩图进行叠加，得到如图 8.22 所示不同张弦及加载方式下梁的理论弯矩图。

从图 8.22 可以看出：（1）$L_{2,2}$ 采用两点张弦，两点加载（加载方式详见表 8.3 试件分组），对应图 8.22（e）理论上弯矩最大位置在纯弯段；（2）$L_{2,1}$ 采用两点张弦，一点加载，对应图 8.22（f）理论弯矩最大位置在跨中；（3）$L_{1,2}$ 采用一点张弦，两点加载，对应图 8.22（g）理论弯矩最大位置在三分点处；（4）$L_{1,1}$ 采用一点张弦，一点加载，对应图 8.22（h）理论弯矩最大位置在跨中。实际试验中，$L_{2,2}$ 破坏位置在纯弯段，$L_{2,1}$ 破坏位置在跨中，$L_{1,2}$ 破坏位置在三分点处，$L_{1,1}$ 由于其梁底贴了钢板，破坏位置在近跨中。由此可以得出结论：梁实际破坏现象与理论弯矩图是相符的。

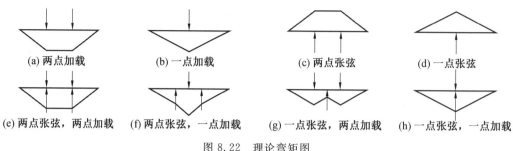

(a) 两点加载   (b) 一点加载   (c) 两点张弦   (d) 一点张弦

(e) 两点张弦,两点加载   (f) 两点张弦,一点加载   (g) 一点张弦,两点加载   (h) 一点张弦,一点加载

图 8.22　理论弯矩图

8.2.3　试验结果与分析

1. 极限荷载与破坏形态总结

将表 8.3 各试验组梁的极限荷载与破坏形态进行总结,见表 8.5。

表 8.5　各试验组梁极限荷载与破坏形态

组别	梁编号	极限荷载/kN		破坏形态
		试验值	平均值	
$L_{1,1}$	$L_{1,1(1)}$	11.2		脆性受拉
	$L_{1,1(2)}$	14.0	12.1	脆性受拉
	$L_{1,1(3)}$	11.2		脆性受拉
$L_{1,2}$	$L_{1,2(1)}$	18.2		劈裂破坏
	$L_{1,2(2)}$	18.2	18.2	劈裂破坏
	$L_{1,2(3)}$	18.2		脆性受拉
$L_{2,1}$	$L_{2,1(1)}$	14.0		脆性受拉
	$L_{2,1(2)}$	14.0	14.5	水平通缝
	$L_{2,1(3)}$	15.4		水平通缝
$L_{2,2}$	$L_{2,2(1)}$	21.0		延性
	$L_{2,2(2)}$	18.2	19.6	梁底纤维被拉断
	$L_{2,2(3)}$	19.6		延性

由表 8.5 知,分别对比 $L_{2,2}$ 与 $L_{1,2}$ 以及 $L_{2,1}$ 与 $L_{1,1}$ 的极限荷载,可以发现当加载点相同时,两点张弦比一点张弦时梁的极限荷载提高了 7.7%～19.8%,说明两点张弦优于一点张弦;对比 $L_{2,2}$ 与 $L_{2,1}$ 以及 $L_{1,2}$ 与 $L_{1,1}$ 的极限荷载,可以发现当张弦点相同时,两点加载比一点加载时梁的极限荷载提高了 35.2%～50.4%,说明两点加载优于一点加载。且只有两点张弦、两点加载时胶合木梁表现出延性破坏,其余均为脆性破坏,说明两点张弦、两点加载可以使胶合木梁具有较好的延性。

根据梁发生破坏时的极限荷载值,可求出其支座反力的大小,进而可求得梁的跨中处和三分点处的极限弯矩值。在两点张弦的条件下,一点加载时梁跨中处的抗弯承载力是两点加载时梁三分点处的 1.1 倍;在一点张弦的条件下,一点加载时梁跨中处的抗弯承载力和两点加载时梁三分点处的相同;在一点加载的条件下,两点张弦是一点张弦时梁跨中处抗弯承载力的 1.2 倍;在两点加载的条件下,两点张弦是一点张弦时梁三分点处抗弯承载力的 1.08 倍。通过比较四种工况可以发现:当加载点相同时,两点张弦比一点张弦时梁的抗弯承载力提高了 7.7%～19.2%;当张弦点相同时,对于两点张弦而言,两点加载比一点加载时梁的抗弯承载力降低了 9.7%,而对于一点张弦而言,加载方式并没有使梁的抗弯承载力发生变化。

2. 破坏前胶合木及预应力钢丝应力

为了研究破坏前预应力胶合木张弦梁中胶合木和预应力钢丝的应力情况,将各梁极限荷载时胶合木顶、底侧及预应力钢丝应力进行整理,见表 8.6。其中 $\sigma_{m,t}$ 为胶合木梁顶的压应力,$\sigma_{m,b}$ 为胶合木梁底的应力,σ_s 为破坏前一级荷载对应的预应力钢丝应力,σ'_s 为预应力钢丝中的最大应力,f 为破坏时胶合木张弦梁的挠度。

表 8.6　破坏前胶合木顶、底侧及预应力钢丝应力

梁编号		$\sigma_{m,t}$/(N·mm^{-2})		$\sigma_{m,b}$/(N·mm^{-2})		σ_s/(N·mm^{-2})		f/mm		σ'_s/(N·mm^{-2})	
		试验值	平均值	试验值	平均值	试验值	平均值	试验值	平均值	试验值	平均值
L$_{2,2}$	1	−35.16		25.01		512.43		68.21		1024.35	
	2	−24.41	−30.70	26.99	27.50	573.76	469.56	86.27	78.63	874.79	772.17
	3	−32.53		30.50		322.49		81.42		417.36	
L$_{1,2}$	1	−19.54		31.85		519.94		90.77		541.88	
	2	−26.69	−32.03	20.86	30.20	596.27	558.11	79.69	86.93	1079.44	810.66
	3	−49.87		37.88		—		90.33		—	
L$_{2,1}$	1	−31.11		26.82		377.29		64.97		506.97	
	2	−28.80	−30.75	38.14	34.16	375.95	368.95	65.66	63.92	387.07	426.18
	3	−32.34		37.53		353.60		61.15		384.50	
L$_{1,1}$	1	−47.84		40.41		462.06		64.04		740.67	
	2	−53.78	−46.20	57.29	43.79	409.63	449.08	76.00	73.09	409.63	557.50
	3	−36.97		33.67		475.55		79.24		522.21	

注:L$_{1,2(3)}$ 预应力钢丝上的应变片在加载过程中脱落,导致缺少钢丝中的应力值,故 L$_{1,2}$ 钢丝中的应力取前两根梁钢丝中应力的平均值

由表 8.6 可知,破坏前时刻,所有梁中钢丝最大应力为 1 079.44 MPa,远小于 1 570 级低松弛预应力钢丝的名义屈服应力,即试验中所有的预应力钢丝均处于弹性受力阶段,在接下来的分析过程中不考虑预应力钢丝的塑性变形。

3. 荷载—挠度曲线

在每组梁中选取一根有代表性的梁,得到四组梁的荷载—挠度曲线,如图 8.23 所示。

由图 8.23 可知,对比四条曲线的斜率,发现其在加载初期都出现刚度增强的现象,这是因为施加预应力后梁产生反拱的现象。随着加载的进行,梁反拱消失变成正挠度,导致其刚

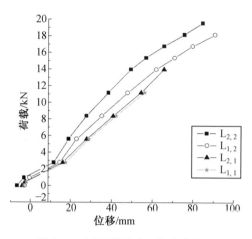

图 8.23   四组梁荷载－挠度曲线

度增强。加载过程中曲线斜率变化不大,说明改变张弦及加载方式对梁刚度影响不大。加载后期,$L_{2,2}$ 和 $L_{1,2}$ 均出现刚度退化的现象,这是因为胶合木梁有塑性发展的趋势,而 $L_{2,1}$ 和 $L_{1,1}$ 无刚度退化,说明其无塑性发展,这与表 8.5 列出的梁的破坏形态也是相符的。

综上所述,改变加载方式对梁的承载力和变形的影响很大;改变张弦方式对梁承载力的影响不是很大,两点加载时对梁变形影响较大,一点加载时对梁的变形几乎没有影响。

4. 荷载－应变曲线

在每组梁中选取一根有代表性的梁,得到其荷载－应变曲线,如图 8.24 所示,图中坐标轴左侧为受压区,右侧为受拉区;层板 1 为梁顶层板,层板 5 为梁底层板,其余应变片沿梁高在每层层板中间布置。

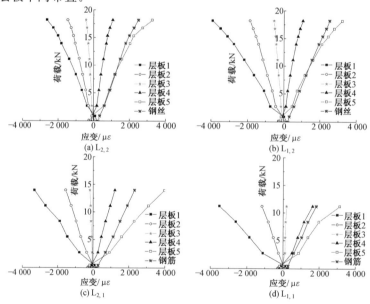

图 8.24   荷载－应变曲线

由图 8.24 可知,在加载初期各测点的应变值随荷载的增加基本呈线性增长的趋势,加载后期 $L_{2,2}$ 曲线出现外扩现象,且梁顶压应变随荷载增长的速度变慢,这是因为梁顶受压区产生褶皱,这与试验现象也是相符的。

其中 $L_{2,2}$、$L_{1,2}$、$L_{2,1}$ 第一层至第三层层板均为受压状态,第四层和第五层为受拉状态;$L_{1,1}$ 第一层和第二层为受压状态,第三层至第五层为受拉状态。虽然木梁均未达到全截面受压的状态,但 $L_{2,2}$ 各层板的受力最接近,即胶合木梁截面的受力最均匀,能够较好地发挥出木材的抗压性能,大大提高了木材的利用率。

5.截面－应变曲线

在每组梁中选取一根有代表性的梁,取各级荷载稳定后截面不同高度处的应变数值,得到各级荷载作用下,梁中截面沿高度的应变曲线。其中 X 轴为木材应变,Y 轴为木梁的截面高度,坐标轴左侧为受压区,右侧为受拉区。以胶合木梁底边为 0 起算,各条曲线与 Y 轴交点为中和轴位置。得到其截面－应变曲线,如图 8.25 所示。

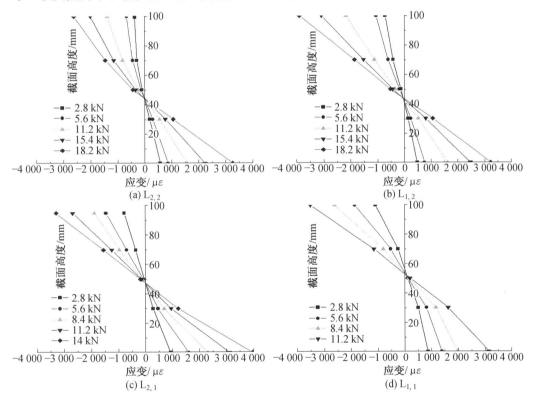

图 8.25　截面－应变曲线

由图 8.25 可知,$L_{1,1}$ 中和轴位置约在 1/2 梁高处,$L_{2,1}$、$L_{1,2}$、$L_{2,2}$ 随着张弦加载方式的改变中和轴位置逐渐向下偏移,其中 $L_{2,2}$ 中和轴位置向下偏移约 3 mm,并且随着荷载的增加中和轴位置保持不变。说明张弦及加载方式的改变可以使梁的受压区面积不断增加,其中两点张弦、两点加载时梁的受压区面积最大,再一次证明了两点张弦、两点加载可以使木材的抗压性能得到更好的发挥。

胶合木梁截面应变沿截面高度基本呈线性分布,其中 $L_{2,2}$ 在梁顶位置应变沿截面高度变化曲线斜率增大,这是因为木梁发生破坏时,梁顶应变片产生褶皱,但不影响曲线整体的线性走势,说明胶合木梁截面应变分布符合平截面假定。

8.3　设计中张弦与加载方式建议

由前面的试验结果可知:一点张弦一点加载时,胶合木梁易发生脆性破坏,极限荷载平均值为 12.1 kN;两点张弦一点加载时,胶合木梁发生脆性破坏和水平通缝破坏,极限荷载平均值为 14.5 kN;一点张弦两点加载时,胶合木梁发生劈裂破坏,极限荷载平均值为 18.2 kN;两点张弦两点加载时,胶合木梁在破坏之前的褶皱和裂缝明显,易发生延性破坏,极限荷载平均值为 19.6 kN。

以一点张弦一点加载时胶合木梁的极限荷载为基数,分别计算另外三种张弦加载方式下胶合木梁极限荷载的提高幅度,见表 8.7。

表 8.7　与 $L_{1,1}$ 对比不同张弦加载方式极限荷载提高幅度

组别	$L_{1,1}$	$L_{2,1}$	$L_{1,2}$	$L_{2,2}$
极限荷载/kN	12.1	14.5	18.2	19.6
提高幅度	—	19.80%	50.40%	62.00%

由表 8.7 可以看出:两点张弦两点加载比一点张弦两点加载时胶合木梁的极限荷载提高了约 62%,说明采用两点张弦两点加载的方式可以大幅提高胶合木梁的承载能力。

分别计算两点张弦两点加载比另外三种张弦加载方式下胶合木梁承载力的提高幅度,见表 8.8。

表 8.8　$L_{2,2}$ 比其他三组胶合木梁极限荷载提高幅度

组别	$L_{2,2}$	$L_{1,1}$	$L_{2,1}$	$L_{1,2}$
极限荷载/kN	19.6	12.1	14.5	18.2
提高幅度	—	62.00%	35.20%	7.70%

由表 8.8 可知,两点张弦两点加载下胶合木梁的承载力比另外三种张弦加载方式下胶合木梁的承载力提高了 7.7%～62%。

综上所述,优化效果为:两点张弦两点加载＞一点张弦两点加载＞两点张弦一点加载＞一点张弦一点加载。设计中建议采用两点张弦两点加载。

8.4　本章小结

本章主要进行了原端部锚固装置与"体外型"端部锚固装置下胶合木梁受弯性能的对比,以及四种不同的张弦及加载方式下胶合木梁受弯性能的试验研究,得出以下结论。

(1)"体外型"端部锚固装置不能提高梁的承载力和刚度,但可以在一定程度上优化梁

的性能。

（2）对胶合木梁进行开槽时，其破坏形态有三种：层板开胶破坏、梁底纤维被拉断、水平通缝破坏。这三种破坏形态较为突然，破坏前无明显征兆，属于脆性破坏。采用"体外型"端部锚固装置，其破坏形态有两种：延性破坏和梁底纤维被拉断。

（3）不同的张弦及加载方式对预应力胶合木张弦梁的破坏形态有着不同的影响，主要的破坏形态有梁顶起褶梁底受拉破坏、水平通缝破坏、三分点劈裂破坏和梁底脆性受拉破坏。第一种为延性破坏，后三种均为脆性破坏。其中只有两点张弦两点加载时木梁发生延性破坏，其余均为脆性破坏。且实际破坏位置与理论弯矩图中弯矩最大位置一致。

（4）加载点相同时，两点张弦比一点张弦胶合木梁的极限荷载提高了 7.7％～19.8％；张弦点相同时，两点加载比一点加载胶合木梁的极限荷载提高了 35.2％～50.4％。说明加载方式的优化效果为两点张弦两点加载＞一点张弦两点加载＞两点张弦一点加载＞一点张弦一点加载。

（5）加载点相同时，在相同荷载作用下两点张弦与一点张弦梁变形无明显变化，受力更为均匀，受压区面积略有增大，对梁的抗压性能略有提高；张弦点相同时，在相同荷载作用下两点加载比一点加载梁变形明显减小，受力更为均匀，受压区面积明显增大，对梁的抗压性能有显著提高。

（6）预应力胶合木梁中沿梁高截面应变随截面高度呈线性变化，符合平截面假定。并且随着荷载的增加，中和轴的位置保持不变。

第9章 力臂对梁的受弯性能影响研究

9.1 端部锚固装置优化研究

9.1.1 原锚固装置的不足

在前期试验中,我们提出了对胶合木梁施加预应力的丝扣拧张横向张拉方式,按此方法加工的胶合木张弦梁在受弯性能和经济性方面较非预应力胶合木梁有较大程度的提高,但仍然存在以下问题。

①在胶合木梁的端部开槽,使截面削弱。

②锚固装置在胶合木中部,钢丝和胶合木之间没有足够的距离,导致伸长钢丝时,木梁的预加效果不理想。

③在破坏截面处,钢丝参与受弯时,在胶合木梁的三分点处,胶合木下部仍然受拉。

原端部锚固装置示意图如图 9.1 所示。

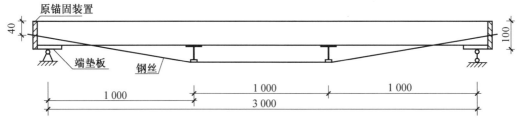

图 9.1 原端部锚固装置示意图

9.1.2 优化锚固装置的提出

为此,本书提出一种新型的端部锚固装置,加大整体高度,使木梁与预应力筋分离工作。力臂越长,梁的受弯承载力越大,并使胶合木部分达到全截面受压的状态。这种新型的预应力胶合木梁可以看作是钢丝受拉、胶合木受压的组合构件,能够更为充分地利用两种材料的强度,从而达到节省材料、增大跨度的目的,产生极好的经济效益和社会效益。

新型的端部锚固装置由凹型钢板槽、钢垫板、螺杆和镦头锚具构成,其示意图如图9.2和图 9.3 所示。

通过 2—2 截面图可以看出,钢丝与木梁分离工作,既保证了二者之间的有效距离,又避免了 U 形钢垫板因梁身开槽而引起的应力集中,如图 9.4 所示,能够保证在一定压力下,梁身全截面受压。

试验安装过程如下。

将梁的两端套在端部锚固装置的上部凹槽中,并嵌入 5 mm 厚的钢垫板来填补梁与装置的空隙并传递压力,拧紧凹槽上部螺栓,使栓杆与钢垫板之间产生顶压,固定木梁;通过镦头锚具将预应力钢丝固定在装置下部,以此来提高整体高度,增长力臂,降低中和轴的位置,达到全截面受压的效果,新型的端部锚固装置实物图如图 9.3 所示。

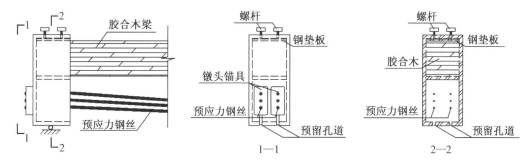

图 9.2　新型的端部锚固装置示意图

(a) 安装过程　　　　　　　　　　　　(b) 工作过程

图 9.3　新型的端部锚固装置实物图

(a) 优化锚固装置——"靴形"装置　　　　(b) 原锚固装置——U 形钢垫板

图 9.4　新旧锚固装置对比图

9.1.3　试验现象的对比

为了探究优化后胶合木梁的受弯效果,现将同批次、同规格的 6 根试验梁分成两组,仅改变试验梁端部的锚固装置,保证其他试验因素不变,以此进行对照试验,对比试验工况见表9.1。

表9.1 对比试验工况表

梁编号	尺寸规格 /(mm×mm×mm)	锚固装置 类型	加载张弦 方式	预加力大小 /kN	钢丝 根数
LC$_{2.2}$	3 150×100×100	原锚固装置	两点张弦、两点加载	3.8	2
SPF-1.3	3 150×100×100	"靴形"锚固装置	两点张弦、两点加载	3.8	2

注:LC$_{2.2}$与SPF-1.3所用材料属同一批次,除锚固装置外,其余试验因素皆相同,且为避免梁质量不同造成试验结果不精确的现象,每种工况下进行3根胶合木梁的受弯试验

LC$_{2.2}$组:需在试验梁底部进行开槽,然后通过原锚固装置——U形钢垫板,将端部钢丝的应力传递至梁身,如图9.5所示。

SPF-1.3组:无须对试验梁进行开槽,将其套入至优化后的锚固装置——"靴形"装置的上槽中,以此实现钢丝应力的传递,如图9.6所示。

(a) 原试验梁截面图   (b) 原试验梁立面图

图9.5 LC$_{2.2}$组试验梁

(a) 优化后试验梁截面图   (b) 优化后试验梁立面图

图9.6 SPF-1.3组试验梁

对采用不同端部锚固装置的两组试验梁进行受弯试验,选取两组试验中较有代表性的梁,进行试验现象与破坏形态的对比,如图9.7所示。

如图9.7(a)所示,对于LC$_{2.2}$组试验梁,在施加预应力阶段拧动三分点的螺杆,使转向块带动预应力钢丝向下移动,以此增大钢丝与梁体之间的距离,但由于端部锚固位置在梁端中部,故梁因预加力产生的反拱值并不明显;在施加上部荷载初期,梁因预加力而形成的反拱值会随着上部荷载的增加而逐渐减小,梁产生向下的挠度逐渐增大,当梁变形较

大时,梁底开槽处的木节就会渐渐开裂,发出窸窸短促的声响,当上部施加的荷载值超过一定限值后,木节裂缝会迅速扩展、贯通,形成纵向裂缝,梁底木纤维被拉断,梁体有效高度骤降,千斤顶反力值降低至最大荷载的 10%,视为梁体失效。

如图 9.7(b)所示,对于 SPF－1.3 组试验梁,因使用优化后的端部锚固装置,因此在施加预应力阶段时,梁因预加力产生的反拱值明显;在施加上部荷载时,钢丝与梁底距离很远,木梁与钢丝共同工作产生较大拉压力偶,梁顶压应变增长较快,使得中和轴下降。当产生很大挠度时,梁仍能有效工作,在梁顶出现局部褶皱时,但是未因受压区纤维失稳而破坏,视为具有延性的受拉破坏。

通过对比图 9.7(a)、(b)中的试验现象,可以得出优化装置后的试验梁在承载力、破坏形态及变形情况方面远优于原装置试验梁的试验结果。

(a) LC$_{2,2}$ 跨中近左三分点处受拉破坏

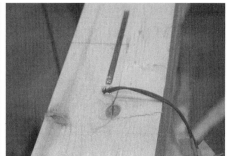

(b) SPF–1.3 挠度增加,梁顶有褶皱

图 9.7　试验梁破坏形态对比

9.1.4　极限荷载与挠度的对比

将对照组试验梁的极限荷载、挠度值与破坏形态进行汇总,见表 9.2。

表 9.2　试验梁的极限荷载、挠度值与破坏形态

组别	梁编号	极限荷载		挠度		破坏形态
		试验值	平均值	试验值	平均值	
	$LC_{2.2(1)}$	18.2		82.11		梁底受拉
$LC_{2.2}$	$LC_{2.2(2)}$	15.47	17.29	62.50	74.61	梁底受拉
	$LC_{2.2(3)}$	18.2		79.23		梁底受拉
	SPF－1.3(1)	—		—		—
SPF－1.3	SPF－1.3(2)	27.37	26.48	99.43	101.28	梁顶受压,梁底受拉
	SPF－1.3(3)	25.59		103.12		梁顶受压,梁底受拉

注:SPF－1.3(1)因施加预应力值较大,使得梁顶产生的应变值超过强度设计值,所得数据不具有普遍规律,故舍去

虽然木梁之间的质量存有差异性,但是仍然可以得到普遍规律:经过优化后的试验梁的极限荷载比原试验梁提高了 53.15%;变形能力比原试验梁提高了 35.75%,破坏形态从脆性的受拉破坏向具有延性的受压破坏过渡。

9.1.5　荷载－挠度关系曲线

为了更清晰地体现 $LC_{2.2}$ 与 SPF－1.3 试验梁承载能力与变形能力的关系,现选取每组试验中最具代表性的试验梁,完成其荷载－挠度曲线的绘制,并通过曲线对比两组试验梁的受力过程。典型试验梁荷载－挠度曲线如图 9.8 所示。

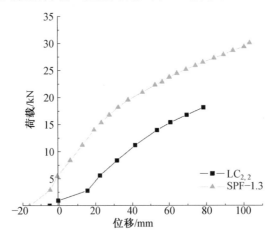

图 9.8　典型试验梁荷载－挠度曲线

由图 9.8 可得,SPF－1.3 的预加效果明显好于 $LC_{2.2}$,即张弦力臂的增加使张弦处的顶升压力增大,梁的反拱值大幅度提升;通过曲线与 Y 轴的相交点可得,当梁承受上部荷载时,反拱逐渐减小直至为零,通过将试验数据线性内插可得,SPF－1.3 在荷载为5.84 kN时反拱值为零,但 $LC_{2.2}$ 这一数值仅为 1.35 kN;在弹性加载阶段,因 SPF－1.3中张弦力臂较大,所以在受力过程中,钢丝可以参与梁的受力,使其整体刚度有所提高,而在 $LC_{2.2}$ 中,这一提高效果不明显;当梁进入塑性阶段,在较大荷载的作用下,$LC_{2.2}$ 变形量

迅速增大,梁底缺陷因其挠度的增大,裂缝迅速开展,导致梁体瞬间破坏,而对于 SPF－1.3 而言,随着荷载作用的增大,钢丝所承担的拉力偶也随之增大,梁的中和轴下移,使得梁的受压区域增大,充分利用材料强度,提高梁的极限承载能力与变形能力。

9.1.6 荷载－应变关系曲线

为了研究不同端部锚固装置对胶合木梁各层板和钢丝受力与变形的影响,现从各种工况下选取一根代表梁绘制荷载－应变曲线,在荷载－应变曲线中,X 轴为负时表示材料受压,X 轴为正时表示材料受拉;Y 轴表示荷载大小;不同曲线代表不同高度材料的受力情况,典型试验梁荷载－挠度曲线如图 9.9 所示。

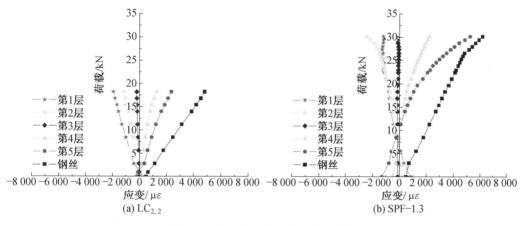

图 9.9 典型试验梁荷载－挠度曲线

如图 9.9 所示,由应变束相交点可得:在施加预应力相同的情况下,优化后的试验梁预加效果明显好于优化前的装置,其反拱值与应变为零,对应的荷载值皆有大幅度提升。由应变束峰值可得:优化后的试验梁的极限荷载增幅达 53.15%,其原因主要有两条:①优化后的试验梁无须开槽,避免了因开槽而造成的梁体整体性下降的影响;②优化后的试验梁其张弦力臂大,其提供的拉力偶可以抵抗大部分外荷载产生的力偶值,木梁中的应力较小,材料未达到其极限强度值,保证梁继续平稳受载。由应变束的收拢情况可得:优化后的梁在受力过程中应变束较为聚拢,即受力更均匀,有助于充分利用材料。

9.2 力臂对梁受弯性能影响的试验研究

9.2.1 试验准备

1.试验分组

本试验主要探究力臂大小对梁受弯性能的影响,将力臂分为端部力臂和张弦点处力臂,并针对这两个参数进行试验分组。试验中,预应力胶合木梁的编号为 SPF－$x.y$,其中 SPF 是一种软木材树种组合(云杉—松—冷杉);x 代表端部钢筋作用点距梁底的距离;y 代表张弦处钢筋作用点距梁底的距离。根据研究内容不同,将试验梁分为 A、B 两组,试验构件基本信息见表 9.3。

表9.3　试验构件基本信息

A组			B组		
梁编号	端部钢筋至梁底距离/mm	张弦处钢筋至梁底距离/mm	梁编号	端部钢筋至梁底距离/mm	张弦处钢筋至梁底距离/mm
SPF—1.1		90	SPF—1.2	10	
SPF—1.2	10	130	SPF—2.2	30	130
SPF—1.3		17	SPF—3.2	50	

注:A组中 SPF—1.2 和 B 组中 SPF—1.2 为同条件试验,试验数据共享

A 组通过控制端部锚固位置相同,张弦点位置不同,研究张弦点处力臂对胶合木梁承载能力、破坏形态、变形性能的影响。

B 组通过控制张弦位置相同,端部锚固位置不同,研究端部锚固处力臂对胶合木梁承载能力、破坏形态、变形性能的影响。

2.试件加工

本试验采用的木材为 SPF(云杉—松—冷杉),通过规格为 20 mm(厚)×100 mm(宽)的层板黏合,制作成截面尺寸为 100 mm(高)×100 mm(宽)的胶合木梁,截面图如图 9.10(a)所示。根据《结构用集成材》(GB/T 26899—2011)中抗弯试验方法 A 中要求:跨距为试件厚度的 18 倍以上,确定试件长度为 3 750 mm,跨距为 3 000 mm,支座距梁端长度为 75 mm,立面图如图 9.10(b)所示。

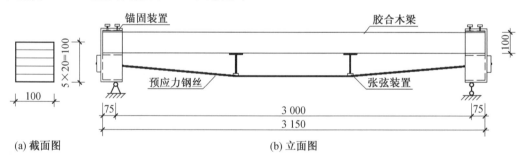

图 9.10　胶合木梁加工图

组装后的胶合木梁实物,如图 9.11 所示。

(a) 截面图　　　　　　(b) 立面图

图 9.11　胶合木梁实物图

　　该试验选用直径为 7 mm 的低松弛 1 570 级预应力钢丝,根据试验需要已在厂家进行调直处理。经过前期试验所得经验以及模型计算,当预应力钢丝数为 2 根时,钢丝截取长度应为 3 248 mm。虽钢丝已进行调直,但由于该试验对钢丝长度精度要求较高,仍需对其进行两次测量,使用砂轮机(图 9.12(a))进行截断,截断的钢丝插入镦头机(图 9.12(b))中,加压至 20 MPa 时取出,形成直径为 10 mm 的镦头,镦头钢丝如图 9.12(c)所示。

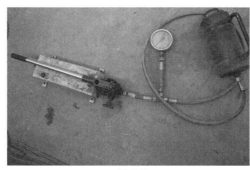

| (a) 砂轮机 | (b) 镦头机 | (c) 镦头钢丝 |

图 9.12　加工钢筋所用设备

3.试件安装

　　首先,对梁进行定位,画出跨中、三分点以及套入装置边缘线等,以此来确定位移计、应变片及锚固装置的位置;之后,将胶合木梁放入倒置的"靴形"锚固装置中,两端对压至装置边缘与画出的定位线重合,放入楔形钢垫板(图 9.13)防止在加载过程中木梁在此处受到折损;然后,使用 AB 胶(两液混合硬化胶)粘贴三分点处的张拉装置垫板,放上重物加压 5 min,粘固张拉装置如图 9.14 所示;最后,将锚固好的预应力钢丝放置在"靴形"下部 L 形槽内,安装试件如图 9.15 所示。

图 9.13　楔形钢垫板

图 9.14　粘固张拉装置　　　　　　　　　图 9.15　安装试件

　　为了防止梁在加载过程中端部锚具进行下移,将装配好的梁抬至支座处,根据 B 组试验对端部力臂的要求,通过采用图 9.16(a)、(b)以及(c)中的构件,保证端部钢丝位置不产生滑移。并通过在镦头锚具和"靴形"锚固装置之间空隙处嵌入楔形件,如图 9.16(d)所示,来满足钢丝在任意端部位置时平直不滑动的要求。通过图 9.17 所示端部钢丝位置,螺栓与端部锚固装置并未接触,只起到保护作用,故未影响木梁传力。

   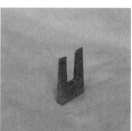

(a) 螺栓1　　　　(b) 螺栓2　　　　(c) 螺栓3　　　　(d) 楔形件

图 9.16　构件图

(a) 钢丝距梁底10 mm　　　(b) 钢丝距梁底30 mm　　　(c) 钢丝距梁底50 mm

图 9.17　端部钢丝位置

4.测点布置与加载方式

利用分配梁进行两点加载,在跨中形成纯弯段。为了测得木梁与钢丝的应变状态:在梁侧三分点处、跨中顶底面粘贴规格为 20 mm×3 mm 的应变片;钢丝上粘贴规格为 20 mm×3 mm 的应变片。为了得到木梁的挠度值:在支座处放置量程为 100 mm 的位移计;在跨中设置量程为 150 mm 的位移计,预应力胶合木梁加载方式及应变片位置示意图如图 9.18 所示,其实物图如图 9.19 所示。

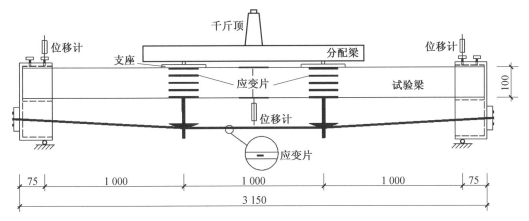

图 9.18　预应力胶合木梁加载方式及应变片位置示意图

图 9.19　预应力胶合木梁加载方式及应变片位置实物图

5.加载制度及数据采集

加载过程分为三个部分:施加预应力、弹性加载阶段及破坏加载阶段。

施加预应力即是通过拧动张拉装置的螺杆,从而带动钢丝向下移动,实现对于预应力钢丝的横向张拉,丝扣拧张横向张拉装置工作图如图 9.20 所示。在张拉之前,需要在转向块凹槽处涂抹凡士林,以免使跨中钢丝产生局压,影响测定结果。

在弹性加载之前,需要安置三分点处的滚轴支座、分配梁、千斤顶以及压力传感器,并

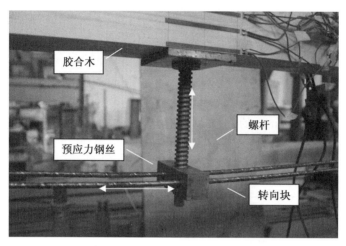

图 9.20　丝扣拧张横向张拉装置工作图

对试验设备做好安全措施。在施加预应力之后,安置在梁上的装置将进行称重(0.814 kN),并计入加载总量中。在弹性加载阶段中,以梁预估极限荷载(28 kN)的10%～20%作为循环周期,进行 5 次循环往复的加载。在这个过程中需要保证加载速度均匀,到达荷载等级时,需持力 3 min,使梁受力变形状态稳定。

破坏加载阶段又分为两个部分:荷载控制和挠度控制。完成弹性加载后,以预估极限荷载的 10% 为梯度进行分级加载,加载至极限荷载的 50% 后,减小至极限荷载的 5% 为梯度进行分级加载,梁受弯试验加载制度图如图 9.21 所示;当木梁挠度值达到跨度的1/35后,以挠度上升 5 mm 作为梯度进行加载,直至梁破坏。在此过程中,每到一个加载等级,需持时 3 min,拍照并观察梁身现象。

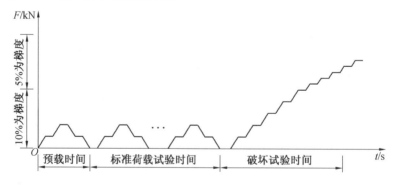

图 9.21　梁受弯试验加载制度图

数据采集包括荷载采集、应变采集和位移采集。数据采集设备如图 9.22 所示。利用千斤顶对梁施加压力,通过压力传感器感知,并由 DH3818 静态应力应变测试分析系统显示数据;木梁和钢丝的应变通过电阻式应变片进行测量,并通过 DH3816N 静态应力应变测试分析系统读取与保存数据;在荷载控制阶段,挠度值通过跨中与支座处安置的位移计进行测量,并通过 DH3816N 静态应力应变测试系统读取保存数据;在木梁进入挠度控制阶段,通过在千斤顶处安置直尺,以此粗略读取挠度值。

(a) 压力传感器　　　　　　(b) DH3818分析系统　　　　　　(c) DH3816N分析系统

图 9.22　数据采集设备

6. 破坏判别标志

依据《混凝土结构试验方法标准》(GB/T 50152—2012)可得,对于混凝土梁的检测,若出现以下特征,则认为梁趋于极限状态,可判定构件已破坏。

(1) 荷载不再增加,但是受拉主筋的应变值连续变化或受拉主筋应变超过 $10\ 000\ \mu\varepsilon$。

(2) 跨中挠度达到梁跨的 1/50。

(3) 受拉主筋出现裂缝且宽度大于 1.5 mm。

(4) 受剪斜裂缝宽度达 1.5 mm,或者在受剪端部出现混凝土的剪压与斜压破坏。

(5) 主筋在锚固端出现 0.2 mm 以上的滑移或是端部锚具损坏。

(6) 受拉主筋被拉断,受压区混凝土被压坏。

胶合木结构破坏标志的判定可以借鉴《混凝土结构试验方法标准》(GB/T 50152—2012)中的判别标志,但是由于两种材料构件的力学性能存在明显差异性,故不能一概而论,应针对木结构的实际情况做出判断:上述第(1)条中提到控制受拉主筋的应变值,这是为了保证钢筋的塑性变形不过大,此条适用于配筋胶合木梁;第(2)条是为了控制梁的变形,但在《建筑构件耐火试验方法》(GB/T 9978.1—2008)中将这一比值控制在 $L/20$,预应力胶合木梁的取值应参考上述规程,将挠跨比限值规定在 $L/25 \sim L/35$ 较为合理;第(3)、(4)条是针对混凝土材料而言,对于胶合木这种材料易受到木节、斜纹等影响,很容易出现裂纹,故此条不可作为胶合木梁破坏的标志,但可规定在裂缝宽度达到 1.5 mm 后,视为木梁失效;第(5)条中所述钢筋滑脱的情况不符合木结构锚固现状,故可省略;第(6)、(7)条是通用规定,对于胶合木同样适用。

根据上述分析,将预应力胶合木梁的破坏标志进行归纳总结。

(1) 胶合木受拉区出现明显的裂缝、劈裂情况,且裂缝宽度达到 1.5 mm。

(2) 受压区胶合木出现明显褶皱,且在继续加载时,荷载—挠度曲线下降。

(3) 预应力钢丝拉断或者端部锚固装置失效。

7.极限荷载

现有规范中未对胶合木梁的极限荷载进行明确规定,因此结合混凝土梁的破坏标准和南京林业大学沈玉蓉的硕士论文《竹木梁柱承载力与变形的非弹性分析方法》中对于 ω/L 挠跨比的限定,将此次胶合木梁破坏判别标准定为以下四种情况。

(1)在加载过程中,胶合木梁底部因木节开裂或木纤维被拉断而导致承载力大幅下降。此类情况,以破坏时的上一级作为极限荷载。

(2)在持荷过程中,胶合木梁底部因木节开裂或木纤维被拉断导致出现持续响声。此类情况,以本级与上一级的平均值作为极限荷载。

(3)加载过程中,梁顶出现褶皱,呈现延性受压破坏,但总挠度值超过梁跨度的 1/35,取其对应的荷载值,作为本级的极限荷载。

(4)因钢丝缺陷、端部锚固件过紧而造成钢丝受剪破坏,不符合梁破坏的一般规律,故所得数据舍去,此梁数据作废。

9.2.2 不同张弦处力臂梁的受弯性能试验研究

梁是最常见的受弯构件,通过材料所提供的拉压力偶与外荷载所产生的弯矩值相抵消的方式来满足结构对承载能力的要求。因此,改变张弦点处的力臂大小,充分利用钢丝和胶合木的受力性能,有助于提高胶合木梁的抗弯强度。

该批次试验选材为 SPF,根据《木结构设计规范》(GB 50005—2017)表 4.2.1－1"针叶树种木材适用的强度等级"可知,SPF 强度等级为 TC11,又根据表 4.2.1－3"木材的强度设计值与弹性模量"查表可得,强度等级为 TC11 的顺位抗拉强度设计值为 7.5 N/mm^2。前期试验已得出该批次试验材的弹性模量为 10 350.2 N/mm^2,因此在试预加力时,以胶合木梁顶木纤维微应变值为 724,钢丝应变值为 480,反推预应力 $=2.06\times10^5\times480\times10^{-6}\times3.14\times3.5^2=3.8(kN)$,即本次试验的预加力值为 3.8 kN,试验情况如下,A 组试验梁情况见表 9.4。

表 9.4 A 组试验梁情况表

梁编号	预应力大小/kN	钢丝数/个	端部钢筋至梁底距离/mm	张弦处钢筋至梁底距离/mm	梁数量/个
SPF－1.1				90	3
SPF－1.2	3.8	2	10	130	3
SPF－1.3				170	3

1.试验现象与破坏形态

本次试验采用的是两点张弦的方式,所形成的预应力筋线型符合两点加载的弯矩图。在预应力施加阶段,三分点处两根螺杆同时拧转,保持速率相同;此时梁产生反拱,该值会随着预加力的增加而增大;当 DH3816N 记录的钢筋应变数达到要求时,木梁顶部应变值达到《木结构设计规范》(GB 50005—2017)中 SPF 强度设计值时,停止转动螺杆。记录此时钢丝的应变值、跨中挠度值以及张弦处钢丝至梁底的距离。

完成记录后,将滚轴支座、分配梁、千斤顶和压力传感器等放置在梁上的相应位置,设备安置图如图 9.23 所示。装备自重使梁反拱值有所降低,记录此时钢丝应变和跨中挠度值。将 DH3818 中压力传感器中的应变值归零后,开始加载,具体加载制度见本章 9.2.1(5)。

图 9.23　设备安置图

弹性加载过程中,支座处的变形会趋于稳定,梁对于加载制度也有较好的适应。此过程偶尔会出现轻微声响,大多数情况是由于装置与木梁、装置与钢丝之间的摩擦产生的;少数情况是由于梁上下表面木节裂缝所致。

当加载进入破坏阶段时,一部分梁底部有木节、斜纹等缺陷,在加载过程中会出现底层开裂,但 DH3818 中应变值没有降至破坏预估值,即底层以上的梁身仍具有较大承载力,但由于梁高的减小,继续加载仍会很快发生破坏;一部分梁底部木纤维受拉,发生持续细微声响,随着挠度的不断增加、上部荷载不断加重,木纤维受拉产生的通缝宽度增加,当木纤维达到抗拉极限值时,会发生突然的一声巨响,梁瞬间破坏;还有一部分梁,当加载至较大荷载时,挠度变化较大,梁顶跨中部分产生褶皱、梁底木纤维还未达到抗拉极限值,在持荷过程中,DH3818 测试应变仪中数值下降速度快,加载速度不及下降速度时,停止加载。从试验中选取较有代表性的梁,A 组典型试验梁破坏形态如图 9.24 所示。

由图 9.24 可得,在 SPF－1.1 情况下,因钢丝与梁底距离较近,因此木梁与钢丝共同工作所产生的拉压力偶较小,为了满足与逐级加载所产生的力矩相平衡,需要通过更大变形来提供应力支持。但挠度较大幅度的增长会使得原本脆弱的木节更易开裂,当木节裂缝开展层板断裂时,最底层层板退出工作,承载力虽有降低,但仍能承担极限值近 70% 的荷载,继续加载,由于木梁有效高度的变化,梁会较快出现破坏,如图 9.24(a)所示;在 SPF－1.2 情况下,钢丝与梁底有一定距离,因此木梁与钢丝共同工作所产生拉压力偶较 SPF－1.1 有所增加,此时梁挠度变化较小,梁底木节产生裂缝不明显,其强度不会受到木节影响,当梁底木纤维达到极限值时发生断裂,上部木纤维受到冲击随之断裂,层层递进产生通缝破坏,此过程突然、迅速,属于脆性破坏,如图 9.24(b)所示;在 SPF－1.3 情况下,钢丝与梁底距离很远,木梁与钢丝共同工作产生较大拉压力偶,随着荷载的增加,梁顶

(a) SPF-1.1(2)左三分点近跨中处木节受拉破坏

(b) SPF-1.2 (3) 跨中梁底受拉破坏

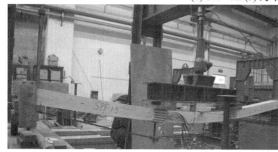

(c) SPF-1.3 (3) 挠度增加,梁顶有褶皱

图 9.24　A组典型试验梁破坏形态

压应变增长较快,使得中和轴下降。当产生很大挠度时,梁仍能有效工作,在梁顶出现局部褶皱时,视为梁受压破坏,如图 9.24(c)所示。

2. 极限荷载与挠度

将 A 组试验梁极限荷载、挠度值与破坏形态进行汇总,见表 9.5。

虽然木材具有较大的差异性,但试验梁所得的数据中仍存在普遍规律:当所用钢丝根数(2 根)相同、施加预应力(3.8 kN)相同时,张弦点处钢丝与梁底距离越远,其极限荷载值越大,与前期试验(原有锚固装置)相同工况的试验梁数据相比,其承载力分别提高了30.65％、39.50％和53.15％;梁的破坏形态也从脆性的梁底受拉破坏逐渐向具有延性的梁顶受压破坏过渡。这里需注意,SPF－1.3 极限荷载的取值是满足了本章 9.2.1(6)中极限荷载的挠度限制,其试验中的破坏荷载高达 30～32 kN,因此,这里承载力的提高值53.15％是非常保守的。

表 9.5　各试验梁极限荷载、挠度值与破坏形态

组别	梁编号	极限荷载		挠度		破坏形态
		试验值	平均值	试验值	平均值	
SPF－1.1	SPF－1.1(1)	22.4		57.57		钢筋缺陷
	SPF－1.1(2)	20.99	22.59	59.11	58.34	木节受拉
	SPF－1.1(3)	24.39		111.55(—)		木节受拉
SPF－1.2	SPF－1.2(1)	—		—		—
	SPF－1.2(2)	22.49	24.12	75.84	81.07	梁底受拉
	SPF－1.2(3)	25.75		86.29		梁底受拉
SPF－1.3	SPF－1.3(1)	—		—		—
	SPF－1.3(2)	27.37	26.48	99.43	101.275	梁顶受压
	SPF－1.3(3)	25.59		103.12		梁顶受压

注:SPF－1.2(1)与 SPF－1.3(1)为前期试验梁,因施加预应力值较大,因此梁顶产生的应变值超过强度设计值,所得数据不具有普遍规律,故舍去

3.荷载－挠度关系曲线

荷载体现梁的承载能力,表现为极限状态;挠度体现梁的变形能力,表现为正常使用状态。在梁受弯试验中,通过压力传感器记录梁的荷载值;通过支座和跨中处位移计得到梁的挠度值。现从试验梁中挑选出最具有代表性的梁,完成荷载－挠度曲线(图 9.25)的绘制,并对此进行比较。

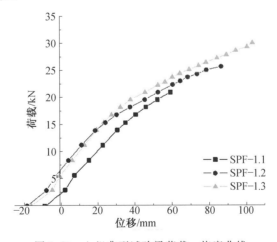

图 9.25　A 组典型试验梁荷载－挠度曲线

由图 9.25 可得,在施加预应力阶段,梁会产生反拱,即荷载为零时,位移为负值;随着上部荷载的增加,位移从负值增至零,此时反拱消失;荷载继续增加,挠度速率随之加快。通过对比不同张弦处力臂梁的荷载－挠度曲线图可得出:随着张弦处力臂的增加,梁的极限荷载与变形能力有所提高;且在梁进入塑性阶段时,力臂大的梁刚度减小较慢,即在相同荷载等级下,梁的挠度小,裂缝不宜开展,可有效保证梁的质量。

4.荷载－应变关系曲线

为了研究在不同张弦点处,力臂对胶合木梁各层板和钢丝受力与变形的影响,现从各种工况下选取一根代表梁绘制荷载－应变曲线,如图9.26所示。

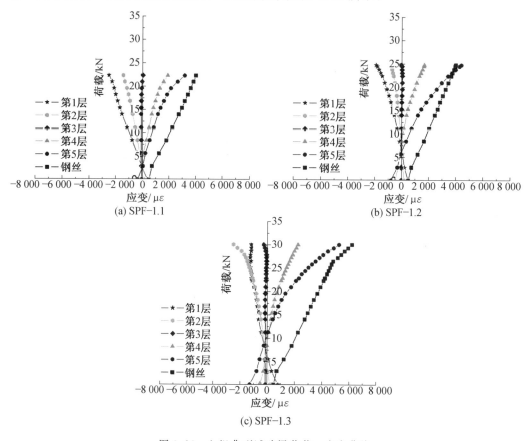

(a) SPF－1.1

(b) SPF－1.2

(c) SPF－1.3

图9.26　A组典型试验梁荷载－应变曲线

在荷载－应变曲线中,X轴为负时,表示材料受压;X轴为正时,表示材料受拉;Y轴表示荷载大小;不同曲线代表不同高度材料的受力情况。由应变束相交点可得:在施加预应力相同的情况下,不同张弦力臂梁所体现的预加力效果不同,即张弦力臂越大,应变束相交点Y值向上移动,预加力效果越好。由应变束峰值可得:随着张弦力臂的增加,其极限荷载随之增加。由应变束合拢情况可得:随着张弦力臂的增加,不同层板的钢筋越贴合,说明各层板的受力越均匀,有利于充分利用材料强度。

由图9.26中钢丝的荷载－应变可得,SPF－1.1、SPF－1.2试验时,钢丝处于弹性阶段,曲线斜率没有变化,钢丝应力未充分发挥;SPF－1.3中在曲线上半段出现斜率略微减小的趋势,即此时钢丝强度利用较为充分。

由图9.26可得,应力束并未得到全截面受压状态,这是因为《木结构设计规范》(GB 50005—2017)中对于SPF受拉强度设计值的要求,使得该试验对木梁所施加的预应力有所限定。但即便如此,仍可以由图看出,张弦力臂的增大可延长全截面受压的范围,使得梁处于均匀受力的状态。以图 9.26 中三根典型试验梁为例,将其第五层层板的荷载-挠度曲线汇总比较,其荷载-应变曲线如图 9.27 所示。

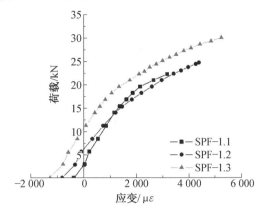

图 9.27　A 组典型试验梁第五层层板荷载-应变曲线

　　由图 9.27 可得,SPF-1.1、SPF-1.2 及 SPF-1.3 的破坏荷载值分别为 22.30 kN、24.77 kN 及 30.11 kN,通过线性内插的方法计算出第五层层板分别在荷载为 2.72 kN、6.26 kN 及 10.56 kN 时达到拉压临界值,即在此之前,梁处于全截面受压状态,在此之后,最下层层板进入受拉阶段。通过第五层层板荷载临界值与破坏荷载的比值可得,试验梁 SPF-1.1、SPF-1.2 及 SPF-1.3 分别在达到对应的极限荷载 12.9%、25.27% 及 35.07% 之后梁底进入受拉阶段。进一步证明了,随着张弦力臂的增大,梁趋于全截面受压破坏。

9.2.3　不同端部力臂梁的受弯性能试验研究

　　优化后的锚固装置与木梁接合紧密,在加载过程中形成简支钢木组合梁。但在施加预应力时,钢丝受拉并通过锚固端将预应力传递至木梁,在此过程中木梁不仅产生轴压,而且还有力矩,传力示意图如图 9.28 所示。

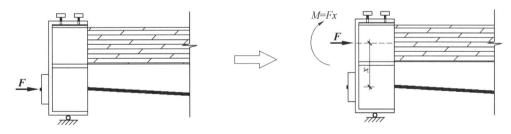

图 9.28　传力示意图

　　在预应力阶段,通过钢丝的横向张拉,木梁在端部受到轴压 F 和力矩 M,在三分点下部受到螺杆顶撑所产生的集中力 F',由此得到因预应力所形成的弯矩图,如图 9.29(a)所示。在只有外荷载情况下,千斤顶产生的顶压 P 通过分配梁一分为二,在三分点上部形成集中力 $1/2P$,由此形成因荷载所形成的弯矩图,如图 9.29(b)所示。

　　在加载阶段,此时受力所产生的弯矩图应是图 9.29 的叠加,如图 9.30 所示。因此发现,当端部锚固位置距木梁形心 x 越大,端部所形成的 M 值越大,即弯矩叠加后所形成的正弯矩越小。

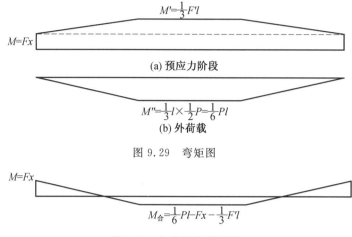

图 9.29　弯矩图

图 9.30　加载阶段弯矩图

综上所述,不同端力臂对梁的受力有一定影响,假设在预加力阶段梁的反拱值为 $10 \sim 15$ mm,通过三分点的力平衡,可得到 M' 与 M 的比值大概在 $4 \sim 6$,其设计试验分组见表 9.6。

表 9.6　B 组试验梁情况表

梁编号	预应力大小/kN	钢丝数/个	张弦处钢筋至梁底距离/mm	端部钢筋至梁底距离/mm	梁个数/个
SPF－1.2				10	3
SPF－2.2	3.8	2	130	30	3
SPF－3.2				50	3

1.试验现象与破坏形态

试验过程与本章 9.2.2 节一致,此处不再赘述。现从试验中挑选比较有代表性的梁,对其试验现象与破坏形态进行分析。

通过图 9.31 所得,在 SPF－1.2 情况下,因锚固位置与梁底距离较近,因此钢丝至梁形心的力臂较小,故所形成的 M 值较小。当上部荷载逐级增大时,其产生的弯矩 M' 将很快超过预应力所形成的力矩,梁受力极差较大,即形成弯矩图较饱满。当跨中底部木纤维到达极限值时,木梁发生脆性受拉破坏,如图 9.31(a)所示。在 SPF－2.2 情况下,钢丝至梁形心有一定距离,所形成的 M 较 SPF－1.2 有所增加,梁各位置受力较均匀,即形成弯矩图较扁平。当跨中底部区域木纤维到达极限值时,发生受拉破坏,如图 9.31(b)所示。在 SPF－3.2 情况下,钢丝距梁形心较远,所形成的 M 较大。当上部荷载很大时,梁底受拉破坏,"靴形"锚固装置中木梁端部会发生折损现象,这种破坏形态说明端部产生的弯矩值较大,可以通过推导在工程中限定端部弯矩的大小,如图 9.31(c)所示。

(a) SPF-1.2(3)跨中梁底受拉破坏

(b) SPF-2.2 (3)跨中梁底部区域受拉破坏，无木节

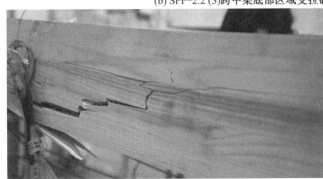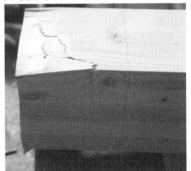

(c) SPF-3.2 (2)跨中受拉破坏，端部折损

图 9.31 B 组典型试验梁破坏形态

2.极限荷载与挠度

将 B 组试验梁极限荷载、挠度值与破坏形态进行汇总,见表 9.7。

表9.7 各试验梁极限荷载、挠度值与破坏形态

组别	梁编号	极限荷载		挠度值		破坏形态
		试验值	平均值	试验值	平均值	
SPF－1.2	SPF－1.2(1)	—		—		—
	SPF－1.2(2)	22.49	24.12	75.84	81.07	梁底受拉
	SPF－1.2(3)	25.75		86.29		梁底受拉
SPF－2.2	SPF－2.2(1)	23.03		88.46		木节受拉
	SPF－2.2(2)	25.08	25.15	83.79	85.40	梁底受拉
	SPF－2.2(3)	27.33		83.96		梁底受拉
SPF－3.2	SPF3.2(1)	26.58		76.27		木节受拉，端部折裂
	SPF3.2(2)	25.83	26.08	105.21	83.23	梁底受拉，端部折裂
	SPF3.2(3)	25.83		68.22		梁底受拉，端部折裂

注：SPF－1.2(1)为前期试验梁，因施加预应力值较大，因此梁顶产生的应变值超过强度设计值，所得数据不具有普遍规律，故舍去

虽然木材具有较大的差异性，但从试验梁所得的数据中，仍存在普遍规律：当所用钢丝根数(2根)相同、施加预应力(3.8 kN)相同时，端部钢丝与梁底距离越远，其极限荷载值越大，与前期试验(采用加长版锚固装置)相同工况的试验梁数据相比，其承载力分别提高了23.06%、28.32%和33.06%；梁的破坏形态虽没有明显变化，但受力更均匀，更能充分利用材料。

3.荷载－挠度关系曲线

荷载体现梁的承载能力，表现为极限状态；挠度体现梁的变形能力，表现为正常使用状态。在梁受弯试验中，通过压力传感器记录梁的荷载值；通过支座和跨中处位移计得到梁的挠度值。现从试验梁中挑选出最具有代表性的梁，完成荷载－挠度曲线(图9.32)的绘制，并对此进行比较。

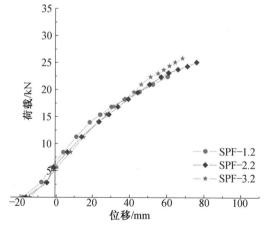

图9.32 B组典型试验梁荷载－挠度曲线

由图 9.32 可得,对比不同张弦处力臂梁的荷载—挠度曲线:在预加力阶段,随着荷载的增加,不同张弦处力臂梁的跨中挠度与刚度并没有明显区别。这是因为此时梁的刚度主要与木梁本身质量有关;在加载阶段初期,钢丝所提供的力较小,各种力臂下的梁受力变形情况较为接近;在加载阶段后期,随着荷载的增加,端部力臂较小的梁刚度下降较快,而此时力臂较大的梁刚度保持在一个相对恒值上,即在相同荷载等级下,梁的挠度小,裂缝不宜开展,可有效保证梁的质量。

4.荷载—应变关系曲线

为了研究在不同端部锚固,力臂对胶合木梁各层板和钢丝受力与变形的影响,现从各种工况下选取一根代表梁绘制荷载—应变曲线,如图 9.33 所示。

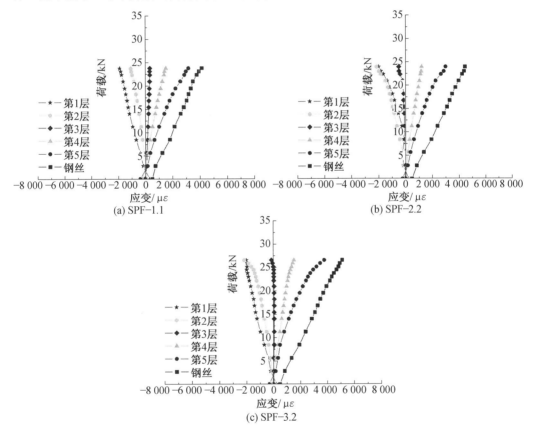

图 9.33　B 组典型试验梁荷载—应变曲线

在荷载—应变曲线中,X 轴为负时表示材料受压;X 轴为正时表示材料受拉;Y 轴表示荷载大小;不同曲线代表不同高度材料的受力情况。由第三层的偏移可得:端力臂增大,应变束会向 X 轴负方向偏移,说明梁截面中和轴位置逐渐下降,即受压区面积增大。由应变束峰值可得:随着端力臂的增大,其极限荷载随之增大。由应变束合拢情况可得:SPF—2.2 中,第一、二层层板曲线贴合,说明层板之间受力均匀,有助于充分发挥材料强度。SPF—3.2 中,第四层层板出现向 Y 轴靠拢的趋势,能够保证在外荷载作用下层板受力稳定。

由图 9.33 可得,因《木结构设计规范》(GB 50005—2017)中对于 SPF 受拉强度设计值的要求,该试验对木梁所施加的预应力有所限定。在加载初期,木梁的刚度并未因端力臂的改变而发生较大变化,直至加载后期钢丝应力变大,其反作用于梁的弯矩值增加,有效地减缓木梁刚度下降的速度,保证梁在承担较大荷载时挠度变化小,提高其承载力。为了更清晰地得到端力臂对梁的影响,现以图 9.33 中三根典型试验梁为例,将其第五层层板的荷载挠度曲线汇总比较,其荷载－应变曲线如图 9.34 所示。

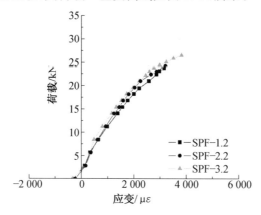

图 9.34　B 组典型试验梁第五层层板荷载－应变曲线

由图 9.34 可得,SPF－1.2、SPF－2.2 及 SPF－3.2 的破坏荷载值分别为23.16 kN、23.03 kN 以及 26.58 kN,通过线性内插的方法计算出第五层层板分别在荷载为1.97 kN、1.63 kN 以及 1.88 kN 时达到拉压临界值,即在此之前,梁处于全截面受压状态,在此之后,最下层层板进入至受拉阶段。通过第五层层板荷载临界值与破坏荷载的比值可得,试验梁 SPF－1.1、SPF－1.2 及 SPF－1.3 分别在达到对应的极限荷载 8.55%、7.08% 以及 7.07% 之后梁底进入受拉阶段。可以得出,在加载初期端力臂对梁刚度、承载力的提高没有影响,在加载后期,因钢丝应力的增大,端部弯矩也增大,梁的承载力有所提高。

9.2.4　受弯承载力计算公式

1. 平截面假设

为了得到各级加载中木梁纯弯段的应变值,在 A、B 两组中,选择每种张弦力臂、端部力臂下的一根具有代表性的梁,取其截面各个高度在各级荷载下的应变值,完成截面－应变关系曲线的绘制。并做出以下规定:X 轴为各层层板实际应变值,负值为受压,正值为受拉;Y 值为各层层板应变片的形心位置。此处需注意,每层层板厚 20 mm,顶层层板与底层层板的应变片顶边粘贴,中间三层层板的应变片粘贴至层板中心,故测量位置自梁底分别为 2.5 mm、25 mm、50 mm、75 mm、97.5 mm,如图 9.35 所示。

由图 9.36 可得,在加载初期中和轴的位置会小幅度移动;在最后一级加载时,中和轴的位置会达到一个最低值,这是由于梁与钢丝之间的应力重分布。对 A 组不同张弦力臂

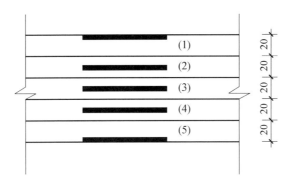

图 9.35　应变片位置

的梁截面－应变曲线进行比较得出：因 SPF－1.1 与 SPF－1.2 均为脆性受拉破坏，即破坏时梁底达到抗拉强度，而梁顶未达到抗压强度，故应变曲线符合平截面假定；因 SPF－1.3 截面－应变曲线上部出现了竖直段，即梁顶达到抗压强度，且具有一定的塑性区域；比较三根梁在自身最大荷载作用下的截面－应变曲线可得，随着张弦力臂的增加，其中和轴会向下偏移。

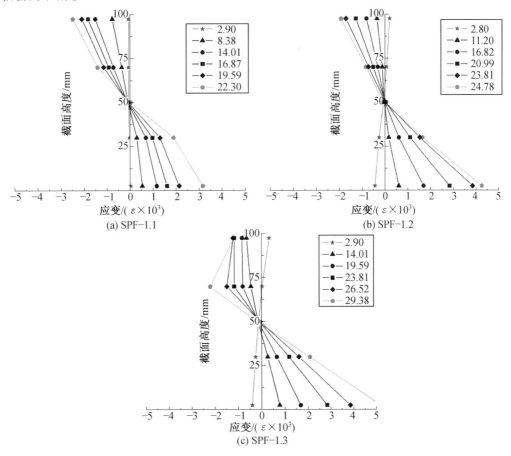

图 9.36　A 组典型试验梁截面－应变曲线

由图 9.37 可得，在加载初期中和轴的位置会小幅度移动；在最后一级加载时，中和轴的位置会达到一个最低值,这是由于梁与钢丝之间的应力重分布。对 B 组不同端力臂的梁截面—应变曲线进行比较得出:因 SPF—1.2 为脆性受拉破坏,故破坏时梁底达到抗拉强度,而梁顶未达到抗压强度,故应变曲线符合平截面假定;因 SPF—2.2 与 SPF—3.2 截面—应变曲线上部出现了斜率增大的情况,故梁顶具有一定的塑性区域;比较三根梁在自身最大荷载作用下的截面—应变曲线可得,随着端力臂的增加,其中和轴会向下偏移。

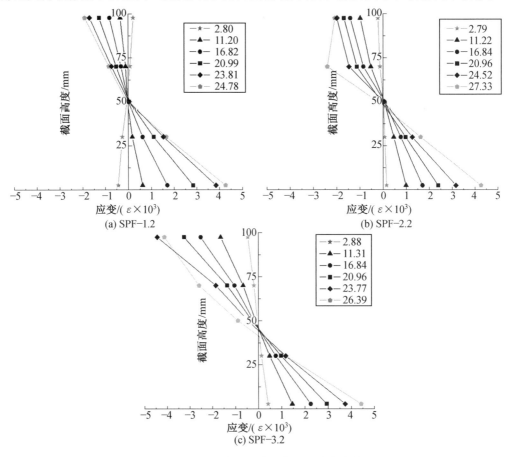

图 9.37　B 组典型试验梁截面—应变曲线

2.力臂与承载力的关系

为了得到张弦力臂与承载力之间的变化关系,取各组别张弦力臂值(分别为 90 mm、130 mm 及 170 mm)为 X 轴,对应的极限荷载值为 Y 轴,A 组承载力—力臂值曲线如图 9.38 所示。通过散点图趋势线进行拟合,得到拟合公式为 $Y=0.000\ 3x^2-0.018\ 8x+22.182$,方差为 $R^2=1$,说明曲线拟合较好,可以得出胶合木梁极限荷载随着张弦力臂的增大而增大,增长速度越拉越快,而且曲线斜率较大,说明改变张弦力臂的大小对提高预应力胶合木梁的极限荷载有显著效果。

为了得到端力臂与承载力之间的变化关系,取各组别端力臂值(分别为 10 mm、30 mm 及 50 mm)为 X 轴,对应的极限荷载值为 Y 轴,承载力—力臂值曲线如图 9.39 所

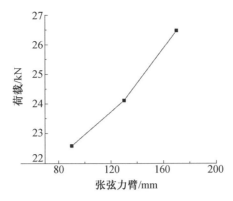

图 9.38　A 组承载力－力臂值曲线

示。通过散点图趋势线进行拟合,得到拟合公式为 $Y = 0.049x + 23.645$,方差为 $R^2 = 0.999\ 1$,说明曲线拟合较好,可以得出:虽然端力臂的增大对提高梁刚度的意义不大,但是胶合木梁的极限荷载随着端力臂的增大而呈线性增大。

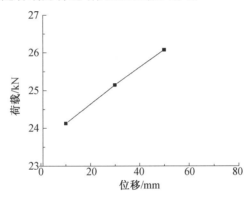

图 9.39　B 组承载力－力臂值曲线

3.破坏类型

在进行公式推导之前,首先要明确胶合木梁的破坏形态,并针对每种破坏形态给出相应的推导公式。参考相关资料([39])和已完成的预应力胶合木梁受弯试验现象,现对胶合木梁的破坏形态进行分类,如下所示。

(1)破坏类型Ⅰ。

对于纯胶合木梁,仅由本身承担上部荷载产生的力矩作用。一般来说,木材的抗拉强度大于抗压强度,但因节子、缺陷的影响,胶合木梁的抗拉强度大大降低,以至于在承受较大荷载之时,木梁受压区还未出现塑性变形,受拉区边缘纤维已被拉断。这种破坏类型属于没有预兆的脆性受拉破坏。

(2)破坏类型Ⅱ。

对于配有钢筋的胶合木梁,因钢筋抗拉强度远远大于胶合木的抗拉强度,因此胶合木在承载力、变形方面得到了加强,故而在一定程度上改变了梁的受力状态。此种破坏类型又分两种情况。

第一种,在承受较大荷载时,木梁受压区趋于增大,顶层木纤维刚进入弹塑性阶段,顶部并无明显现象,受拉区预应力钢丝高强性能未发挥,但此时受拉区的木纤维已达到极限抗拉应变,发生断裂。这种破坏类型属于没有预兆的脆性受拉破坏。

第二种,在承受较大荷载时,木梁受压区出现明显的塑性变形,木梁顶部因受压产生肉眼可见的褶皱,受拉区钢筋还未发生屈服,但此时受拉区的木纤维已达到极限抗拉应变,发生断裂。这种破坏类型属于有预兆的延性破坏。

(3)破坏类型Ⅲ。

对于具有特殊构造的胶合木梁,因调控等方式使得胶合木梁在承载力、变形方面得到翻倍的加强,故而在很大程度上控制了梁的受力状态。此时,在承受较大荷载时,木梁受压区已存在塑性变形,且塑性变形范围在不断扩大,与此同时,预应力钢丝接近或已屈服,受拉区木纤维还未到达极限抗拉应变。在承受更大荷载时,木梁受压面木纤维受压失稳导致木梁失去承载力。这种破坏类型属于受压破坏。

本试验中胶合木梁破坏形态与对应的破坏类型关系见表9.8。

表9.8　各试验梁破坏形态与破坏类型关系

组别	梁编号	破坏形态	破坏类型
SPF－1.1	SPF－1.1(1)	钢筋缺陷	破坏类型Ⅱ(第一种) 脆性受拉破坏
	SPF－1.1(2)	木节受拉	
	SPF－1.1(3)	木节受拉	
SPF－1.2	SPF－1.2(1)	—	破坏类型Ⅱ(第一种) 脆性受拉破坏
	SPF－1.2(2)	梁底受拉	
	SPF－1.2(3)	梁底受拉	
SPF－1.3	SPF－1.3(1)	—	破坏类型Ⅱ(第二种) 延性破坏
	SPF－1.3(2)	梁顶受压	
	SPF－1.3(3)	梁顶受压	
SPF－2.2	SPF－2.2(1)	木节受拉	破坏类型Ⅱ(第一种) 脆性受拉破坏
	SPF－2.2(2)	梁底受拉	
	SPF－2.2(3)	梁底受拉	
SPF－3.2	SPF－3.2(1)	木节受拉,端部折裂	破坏类型Ⅱ(第一种) 脆性受拉破坏
	SPF－3.2(2)	梁底受拉,端部折裂	
	SPF－3.2(3)	梁底受拉,端部折裂	

由表9.8所示,本次试验梁破坏类型均属于破坏类型Ⅱ,故针对此种破坏类型推导出相应的承载力计算公式。

4.基本假设

推导承载力计算公式需采用如下基本假定。

① 预应力胶合木梁受弯时,截面应变满足平截面假定。

② 胶合木所用弹性模量,取木棱柱体受压试验所得的弹性模量值。

③ 胶合木梁受弯时的应力－应变关系,应满足图 9.40 所示胶合木应力－应变本构模型。

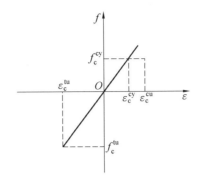

图 9.40　胶合木应力－应变本构模型

5. 公式推导

基于上述假定,预应力胶合木梁破坏类型Ⅱ下的计算简图如图 9.41 所示。

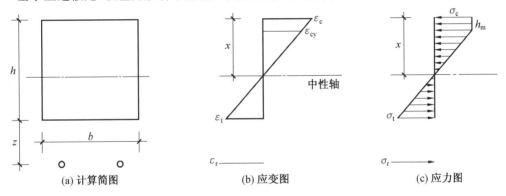

(a) 计算简图　　　　(b) 应变图　　　　(c) 应力图

图 9.41　破坏类型Ⅱ下的计算简图

如图 9.41 所示,h 为梁高,b 为梁宽,z 为钢丝到梁底的距离。当胶合木梁受拉破坏时,受压区高度为 x,梁顶木纤维变形已达到屈服应变值,但未超过极限应变值,即 $\varepsilon_{cu} > \varepsilon_c > \varepsilon_{cy}$。根据图 9.40 胶合木本构关系可得,此时压应力不再随着压应变的增加而增加,形成了高度为 h_m、应力为 $\sigma_c = f_{cu}$ 的塑性区域;同时,预应力钢丝未达到屈服,应力 σ_r 随着 ε_r 的增加而增加,但木梁底部纤维已达到极限应变值,即 $\varepsilon = \varepsilon_{tu}$,此时拉应力也达到极限值,即 $\sigma_t = f_{tu}$。

根据图 9.41 中的截面应力关系可得:木梁受力时,力与弯矩的平衡公式如下所示。

力平衡:

$$\sigma_c h_m b + \frac{1}{2}\sigma_c \times (x - h_m) \times b = \sigma_r A_s + \frac{1}{2}\sigma_t(h - x) \times b \tag{9.1}$$

弯矩平衡:

$$M = M_1 + M_2 \tag{9.2}$$

$$M_1 = \sigma_c h_m b \times (h + z - \frac{h_m}{2}) + \frac{1}{2}\sigma_c \times (x - h_m) \times b \times (h + z - h_m - \frac{x - h_m}{3})$$

$$-\frac{1}{2}\sigma_t \times h - x \times b \times (z + \frac{h - x}{3}) \tag{9.3}$$

$$M_2 = \sigma_r A_s \times y \tag{9.4}$$

式中　h——胶合木梁高度；

　　　　b——胶合木梁宽度；

　　　　z——钢丝到胶合木梁底距离；

　　　　x——胶合木受压区高度；

　　　　h_m——胶合木塑性发展高度；

　　　　σ_c——胶合木梁顶部压应力；

　　　　σ_t——胶合木梁底部拉应力；

　　　　σ_r——钢丝受拉应力值；

　　　　A_s——预应力钢丝的配筋面积；

　　　　M——胶合木梁截面弯矩设计值；

　　　　M_1——胶合木梁与钢丝作用产生的弯矩值；

　　　　M_2——钢丝端部应力产生的弯矩值；

　　　　F——预加力，该试验中为 3.8 kN；

　　　　y——钢丝端部锚固位置距梁截面形心的距离。

由公式(9.1)可得，等式中存在 h_m 和 x 两个未知数，需要通过三角形相似定理 $\frac{\sigma_t}{\sigma_c} = \frac{h - x}{x - h_m}$ 方可求解。

根据上述公式进行求解，对各组别胶合木梁计算结果进行验证，受弯承载力计算值与试验值比较见表 9.9。

表 9.9　受弯承载力计算值与试验值比较

组别	f_y /(N·mm⁻²)	x /mm	h_m /mm	z /mm	M_1 /(kN·m)	y /mm	M_2 /(kN·m)	跨中弯矩 /(kN·m) 计算值	跨中弯矩 /(kN·m) 试验值	误差绝对值 /%
SPF—1.1	350.00	54.61	17.23	90.00	10.38	60	0.228	10.61	11.30	-6.06
SPF—1.2	400.00	55.20	18.31	130.00	12.17	60	0.228	12.40	12.06	2.80
SPF—1.3	450.00	55.79	19.39	170.00	14.26	60	0.228	14.49	13.24	9.45
SPF—2.2	400.00	55.20	18.31	130.00	12.17	80	0.304	12.47	12.58	-0.80
SPF—3.2	400.00	55.20	18.31	130.00	12.17	100	0.380	12.55	13.04	-0.04

在该试验中，木梁截面尺寸均为 $b = h = 100$ mm，配筋均由 2 根直径为 7 mm 的光圆

预应力钢绞线组成。由该批木棱柱体受压试验与木构件受拉试验可得,该批次 SPF 的抗压强度为 32.2 N/mm²,抗拉强度为 78.2 N/mm²,弹性模量为 10 350.2 N/mm²。但是这里所得到的抗拉强度并不是真正意义上的抗拉强度,而是由标准抗拉件得到的数据。标准抗拉件在进行试验时,选取观察的是顺纹无木节影响的部位,这与实际情况中胶合木梁的受力是有差异的。因此应考虑到影响构件抗力的影响因素,对胶合木梁的抗拉强度值进行可靠度的校准,其公式为

$$f_Q = K_Q f \qquad (9.5)$$

式中　f_Q——构件的材料强度;

　　　K_Q——考虑影响因素的系数;

　　　f——试件(标准受拉件)的材料强度;

K_Q 取值的影响因素有很多,在《木结构设计标准》(GB 50005—2017)[15]中主要介绍了影响因素最普遍的四种,分别是天然缺陷木节、斜纹导致的影响(K_{Q1}),含水率的下降使木材皲裂导致的影响(K_{Q2}),长期作用下木材发生蠕变对构件强度造成的影响(K_{Q3})以及因尺寸效应导致的影响(K_{Q4})。

$$K_Q = K_{Q1} \times K_{Q2} \times K_{Q3} \times K_{Q4} \qquad (9.6)$$

参考《木结构设计标准》(GB 50005—2017),$K_{Q1} = 0.66$,$K_{Q2} = 0.90$,$K_{Q4} = 0.75$;本次试验为短期试验,基本不会受到梁蠕变的影响,因此近似取 $K_{Q3} = 1$。

$$K_Q = K_{Q1} \times K_{Q2} \times K_{Q3} \times K_{Q4} = 0.66 \times 0.90 \times 1 \times 0.75 = 0.45$$

故取抗拉强度 σ_t 为 35.2 N/mm²。

将表 9.9 中计算值与试验值相比较,可得各组别误差范围均在 10% 以内,说明该承载力计算公式能够很好地反映胶合木梁实际受力情况,说明计算公式推导合理,准确度较高。

9.3　力臂影响下胶合木梁的有限元分析

对于胶合木梁受弯性能研究,一般包括两个方面:实体试验和仿真模拟。由本章 9.2 节可得,实体试验仅为 15 根胶合木梁,通过小量的试验数据来分析力臂对胶合木梁受弯性能的影响,具有局限性,很难得到精确的试验结果。因此,仿真模拟作为结构性能研究的一个重要组成部分,对构件设计理论的完善具有重要意义。

通过有限元软件对试验进行仿真模拟,可以有效解决时间、财力、设备等因素对试验造成的限制,试验体系更为完整,所得结论更精确,且更具说服力。在国内,常用的有限元分析软件有 ANSYS、ABAQUS、CANNY、Opensees 及 SAP2000[3]。其中,ABAQUS 被认为是功能最为强大的有限元分析软件,尤其在处理复杂非线性问题上,能够最大限度地还原实际试验中构件的受力情况,这在众多软件中有着不可取代的优越性。

本节以 ABAQUS 分析软件建模步骤为主线,详细说明在处理材料本构关系、构件装配、相互作用等方面所做的模拟优化。

9.3.1 模型建立

1.建立模型部件

建立 ABAQUS 模型,首先要建立组成模型的若干部件。正确地建立和简化部件不仅可以充分描述所分析的物理模型,还可以使之大大减少因网格划分异常导致的计算错误,获取接近真实的受力状态。在本次建模中,主要模拟以下五大部件:木梁,预应力钢丝,铁靴,钢垫板和转向块(图 9.42)。

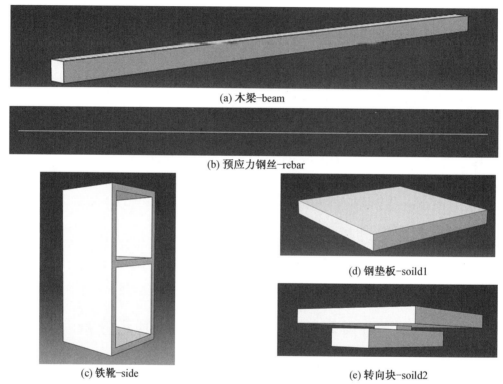

(a) 木梁-beam

(b) 预应力钢丝-rebar

(c) 铁靴-side

(d) 钢垫板-soild1

(e) 转向块-soild2

图 9.42 五大部件效果图

如图所示,在部件模拟中做出如下简化。

(1)胶合木建为整体——所进行试验中,未有因胶粘而导致的破坏,故不考虑胶层影响。

(2)未模拟镦头锚具——预应力钢丝可通过约束与铁靴相连,达到与实际情况吻合的受力状态。

(3)预应力钢丝不模拟镦头——同第(1)条所述,钢丝直接与铁靴形成相互作用;预应力钢丝的基本特征为 wires,模拟镦头会增加建模难度,得不偿失。

(4)铁靴下部 L 形槽省略——钢丝直接与铁靴相连,设置 L 形槽无意义,且会因开槽而导致网格划分不均。

(5)转向块 U 形槽省略——采用摩擦约束同样可以达到钢丝在容许范围内滑动的现

象。

（6）转向块、螺栓与钢垫板合为一体——螺栓增设荷载，无须转动，故无须模拟轴承。

ABAQUS 中所有量值都不需输入单位，因此在建模过程中应注意单位的统一，否则将会使结果偏离实际，本次建模中所用为国际单位制，见表 9.10。

表 9.10　ABAQUS 采用单位制

长度	力	质量	时间	应力	密度
m	N	kg	s	$Pa(N/m^2)$	kg/m^3

2.定义材料与截面属性

在属性模块中，主要完成材料本构关系和截面属性的定义，并将截面属性赋予相应的部件。

（1）木材—SPF。

在对木梁进行属性定义之前，首先要清楚胶合板的力学性质。胶合板属各向异性材料，有三个主要受力轴，分别为顺纹方向 1、横纹径向 2 和横纹弦向 3，胶合板受力轴如图 9.43 所示。

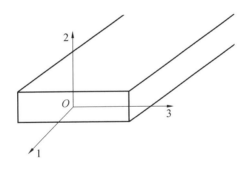

图 9.43　胶合板受力轴

由木棱柱体抗压试验可得，胶合木为弹塑性材料，当其处于弹性阶段时，通过内部任意一点都存在三个相互垂直的对称面，表现为正交各向异性，即：当坐标轴与弹性主方向一致时，正应力仅与相对应的正应变有关，切应力仅与相对应的切应变有关，两者之间不存在相互关系，故其弹性矩阵具有对称性，12 个弹性常数中只有 9 个为独立弹性常数（弹性模量、剪切模量和泊松比），故按照正交各向异性刚度矩阵进行输入，如下。

$$\begin{bmatrix} D_{1111} & D_{1122} & D_{1133} & 0 & 0 & 0 \\ & D_{2222} & D_{2233} & 0 & 0 & 0 \\ & & D_{3333} & 0 & 0 & 0 \\ & & & D_{1212} & 0 & 0 \\ & & & & D_{1313} & 0 \\ & & & & & D_{2323} \end{bmatrix}$$

式中，

$$D_{1111} = E_1(1 - v_{23}v_{32})r,$$
$$D_{2222} = E_2(1 - v_{13}v_{31})r,$$
$$D_{3333} = E_3(1 - v_{12}v_{21})r,$$
$$D_{1122} = E_1(v_{21} + v_{31}v_{23})r = E_2(v_{12} + v_{32}v_{13})r,$$
$$D_{1133} = E_1(v_{31} + v_{21}v_{32})r = E_3(v_{13} + v_{12}v_{23})r,$$
$$D_{2233} = E_2(v_{32} + v_{12}v_{31})r = E_3(v_{23} + v_{21}v_{13})r,$$
$$D_{1212} = G_{12},$$
$$D_{1313} = G_{13},$$
$$D_{2323} = G_{23}。$$

其中,$r = \dfrac{1}{1 - v_{12}v_{21} - v_{23}v_{32} - v_{31}v_{13} - 2v_{21}v_{32}v_{13}}$。

本模型根据木棱柱体抗压试验,得到 $D_{1111} = 11\,935 \times 10^6$ N/m², $D_{1122} = 496 \times 10^6$ N/m², $D_{2222} = 1\,019 \times 10^6$ N/m², $D_{1133} = 431 \times 10^6$ N/m², $D_{2233} = 252 \times 10^6$ N/m², $D_{3333} = 563 \times 10^6$ N/m², $D_{1212} = 758 \times 10^6$ N/m², $D_{1313} = 690 \times 10^6$ N/m², $D_{2323} = 39 \times 10^6$ N/m²。当胶合木进入塑性阶段时,表现为各向同性,通过木棱柱体抗压试验,取其屈服强度为 2.0×10^7 N/m²。将材料属性赋予木梁后,应指定 SPF 的材料方向,使之与基准轴坐标系一一对应,SPF 材料受力方向如图 9.44 所示。

图 9.44　SPF 材料受力方向

(2)预应力钢丝—steel。

查文献[40]附录可得,1 570 级低松弛预应力钢绞线弹性模量为 2.0×10^{11} N/m²,屈服应力为 1.1×10^9 N/m²。在创建部件时,将钢丝基本特征设置为 wires—线,故需要在此处定义截面。在选择钢丝类型时,要注意这里不仅要考虑钢丝的轴向变形,还要求允许其剪切变形,因此选择梁类型来满足这一条件,并输入圆截面半径 0.003 5 m。

(3)其余钢构件—rigid。

铁靴、钢垫板及转向块并不是本次建模研究的主要部件,故不需考虑在受力时的变形情况。因此,统一取值为刚件。

3. 部件装配

通过前面的两个步骤,每个部件不仅具有几何特征,还具有材料属性。但此时,部件是单独存在于各自的界面中的,需要通过创建实体将散落部件进行拼装,形成一个整体。因此,应将所需部件创建为独立实例(便于后续网格划分),导入装配模块中,如图 9.45 所示。

本书试验研究的是力臂对预应力胶合木梁受弯性能的影响,因此,在装配中应注意钢丝在端部、张弦处的位置。通过改变螺杆原有的长度、钢丝的长度以及钢丝端部的约束位置,完成各组别差异性的组装。其中需要注意,对于折线形钢丝,应采用布尔运算的方式连接成一个整体。

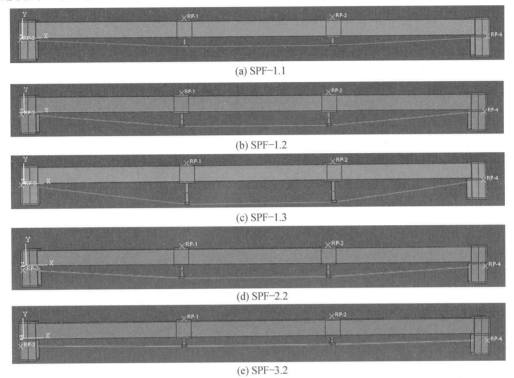

(a) SPF-1.1

(b) SPF-1.2

(c) SPF-1.3

(d) SPF-2.2

(e) SPF-3.2

图 9.45　不同组别下的模型图

4. 设置分析步

在模型装配完成后,需要根据时间的变化设定不同的分析步,以此进行不同荷载和边界条件下力的施加与传递。分析步分为两类:Initial Step——初始分析步;Analysis Step——后续分析步。初始分析步,描述的是模型的初始状态,因此在本步中可以设置部件之间的相互关系及边界条件;后续分析步,描述的是模型随时间变化的过程,在本次建模中需要两个后续分析步:Step-1(预加力阶段)和 Step-2(三分点加载阶段)。需注意,在分析步的设置中,初始增量步不宜过大,避免因增量进行多次迭代后仍不收敛而导致的分析中断,本次模拟中,初始增量步设置为 0.01。

5. 相互作用

各个部件按照相应位置装配完成后,看似形成一个整体。但是各部件存在的摩擦、绑定、耦合等相互关系还没有确定,无法进行各构件之间的协同工作。

(1)铁靴与木梁——绑定约束。

由图 9.42 可知,要将梁端部嵌入铁靴中,并通过楔形块与上部小螺栓加以固定,期望铁靴与木梁之间严丝合缝、共同工作。在建模中,可以化繁为简,将与铁靴接触的木梁表面和铁靴内表面进行绑定约束,使得面与面之间紧紧贴合,分析时也不分离。

(2)木梁与钢垫板——摩擦约束。

试验中,在加载之前需要在梁顶三分点处放置滚轴支座,便于将上部力一分为二,向下传递。此时滚轴支座与木梁之间存在小范围滑移,故应采用摩擦约束进行模拟,摩擦系数设置为 0.8。

(3)加载点与钢垫板——耦合约束。

在建模过程中,省去试验中将力一分为二的情况,在梁顶三分点上方 30 mm 处建立参考点,作为施加荷载的点。并将参考点与正下方相对应的钢垫板进行耦合约束,使参考点中的集中力转换为钢垫板上的均布力,避免应力集中。

(4)木梁与转向块——绑定约束。

试验中,在放置钢丝之前,于梁底三分点处涂抹 AB 胶进行转向块的粘贴,并用重物压实,直至胶体固化,粘固转向块实物图如图 9.46 所示。

图 9.46　粘固转向块实物图

(5)转向块与钢丝——摩擦约束。

试验中,将钢丝放置于转向块的凹槽内,并在凹槽内涂抹凡士林,便于在钢丝受力时及时传递内力,避免钢丝局压的产生。因而,需要通过摩擦约束,允许三分点附近的一段钢丝与转向块之间存在小范围的滑移,摩擦系数设置为 0.5,既传递了内力,又控制了钢丝位置,实现了对实际情况的仿真。

(6)钢丝与铁靴——耦合约束。

以左侧锚固端为例,在施加预应力时,转向块带动钢丝向下移动,钢丝呈顺时针转动,镦头锚具与钢丝已固定,镦头锚具的转向即代表钢丝转向,铁靴与钢丝的受力图如图9.47所示;而此时,梁受力产生反拱,带动铁靴呈逆时针转动的趋势。因此,如果钢丝与铁靴的约束简单设置为绑定约束或嵌入约束,势必造成分析难以收敛的现象。所以,应在 2 根钢丝端部之间建立参考点,并将 2 根钢丝的端截面与之耦合,设置被约束的自由度为 $U_1 = U_2 = U_3 = UR_1 = UR_2 = 0$,即只能发生绕 Z 轴的转动。之后,再将参考点与铁靴端部耦合,约束所有自由度。以这种方法,间接地完成钢丝与铁靴的铰接约束。

(a) 实物图

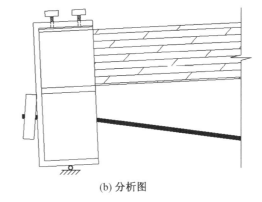
(b) 分析图

图 9.47　铁靴与钢丝的受力图

6.施加荷载

在荷载模块下可以定义指定条件,包括边界条件和荷载。

(1)边界条件。

由图 9.48 可得,胶合木梁端为铰接,左端限制 X、Y、Z 轴的移动和 X、Y 轴的转动;右端限制 Y、Z 轴的移动和 X、Y 轴的转动。边界条件的设置应在 Initial Step 中进行,木梁左端被约束的自由度设置为 $U_1=U_2=U_3=UR_1=UR_2=0$;木梁右端被约束的自由度设置为 $U_2=U_3=UR_1=UR_2=0$。

(a) 左侧锚固端

(b) 右侧锚固端

图 9.48　边界条件

(2)荷载。

荷载分为螺栓荷载和集中力荷载。螺栓荷载创建于 Step−1 中,调节长度使螺杆增长,并带动转向块向下移动,完成钢丝张拉,对梁施加预应力;集中力荷载创建于 Step−2 中,通过在梁顶三分点正上方的参考点 RP−1、RP−2 施加集中力来模拟实际试验中,由千斤顶加压并通过分配梁将力一分为二的加载情景,加载情况示意图如图 9.49 所示。

图 9.49　加载情况示意图

7. 划分网格

有限元的分析,即为一个化繁为简的过程,将无限自由度的模型分解成若干个具有有限自由度的单元,将连续模型转化为离散型模型来分析。依据这样的理论,划分网格数量越多,最终得到的模拟效果也就越好。但是为了减少计算时间,一般将布置网格种子的密度控制在 0.02 m 左右。在网格划分之后,应选取相应的网格类型。

(1)木梁－beam 单元类型。

木梁选择实体单元,又因本次建模中过程较为简单,不需进行复杂接触条件的改变,故采用二次－六面体－减缩积分单元 C3D20R。

(2)铁靴－side、钢垫板－soild1 以及转向块－soild2 单元类型。

本书分析对象主要是胶合木梁和预应力钢丝,对于其他构件的受力与变形精度可以放宽,可以使用结点少且允许较大变形的减缩单元,故采用线型－六面体－减缩积分单元 C3D8R。

(3)预应力钢丝－rebar 单元类型。

预应力钢丝在选择单元类型时注意,在族中仅能选择"梁",如选择"桁架"则会出现结构不收敛的现象。因涉及接触分析,应使用有剪切变形的梁单元,此处选择默认单元两结点空间线性梁单元 B31。

8. 运行判断

网格设置之后,因试验要求,需建立两个工作任务:工作任务一,不进行 Step－2,即仅施加预应力并提交作业任务;工作任务二,进行模型的完全分析,得到破坏时木梁与预应力钢丝的应力分布情况。现以 SPF－1.1 为例,展示分别完成施加预应力阶段和集中力加载完成后模型的应力云图(图 9.50)。

(a) 施加预应力阶段模型的应力云图

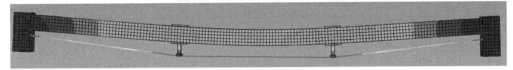

(b) 施加集中力后模型的应力云图

图 9.50　模型的应力云图

9.3.2　可行性验证

为了验证所建立模型的仿真程度是否达到要求,我们通过对有限元模型和本书9.2.2节和9.2.3节中的数据对比,判断其模型建立的准确性,为后续扩大仿真试验范围提供依据支持。按照实际试验情况,建立各个组别下试验梁的有限元模型,具体数值见表9.11。

表 9.11　试验梁基本情况表

梁编号	梁尺寸/(m×m×m)	端部钢筋至梁底距离/m	张弦处钢筋至梁底距离/m
SPF—1.1	0.1×0.1×3.15	0.1	0.09
SPF—1.2	0.1×0.1×3.15	0.1	0.13
SPF—1.3	0.1×0.1×3.15	0.1	0.17
SPF—2.2	0.1×0.1×3.15	0.3	0.13
SPF—3.2	0.1×0.1×3.15	0.5	0.13

注:此处的单位与 ABAQUS 中国际单位制对应

首先,由表 9.5、表 9.7 中数据可知各组试验梁的极限荷载范围。以此为据,给定各组模型的荷载限值:SPF—1.1(24 kN)、SPF—1.2(28 kN)、SPF—1.3(32 kN)、SPF—2.2(29 kN)及 SPF—3.2(30 kN),避免因统一限值过大,承载能力较弱的试验梁无限进行迭代计算,最后导致计算中断的结果;然后,待工作任务运行完毕,提取模型中跨中梁底单元位移(挠度)、三分点梁顶 RP 参考点荷载(承载力)、梁顶跨中节点 LE11 值(压应变)、梁底跨中节点 LE11 值(拉应变),与 9.2.1 中的破坏类型一一对应,计算出该模型梁符合规定的真实极限荷载。最后,选取跨中梁底单元位移(X 轴)与三分点梁顶 RP 参考点上的集中力(Y 轴)为研究变量,绘制出各个组别下梁的荷载—挠度曲线,并将其与试验真实的荷载—挠度曲线加以比较,以此验证有限元分析的合理性。

以图 9.51 和图 9.52 为据,对比各个组别下试验梁与模型梁的荷载—挠度曲线,可得如下结论。

(1)在预加力阶段,试验所产生的反拱值略大于有限元模型所产生的反拱值。这是因为在实际情况中,为了保证钢丝位置固定,故而所截钢丝长度略小,以便在放置钢丝时,镦头锚具和端部铁靴可以产生挤压,不致滑移,但这样也导致因钢丝的伸长量增大而引起反拱值略大。而对于有限元模型来说,是通过设置相互作用来确定两个表面的接触情况,故而不存在上述情况。

(2)在弹性加载阶段,模型的荷载-挠度曲线斜率略大于真实值,起因是试验梁的个体差异性。由于胶合木梁的基本性能受到木节、斜纹、含水率等因素的影响,其在受力过程中的反应无法像仿真试验一样稳定,而且这种不稳定性很难在 ABAQUS 材料属性参数选取时加以考虑,故造成试验模拟的差异性。

(3)在弹塑性加载阶段,虽有限元模型中没有建立胶合木梁缺陷的破坏机制,无法模拟因木节、斜纹等破坏而造成的拉断、劈裂的破坏现象,但是可以通过导入屈服强度、屈服应变等属性参数,模拟胶合木梁在非线性工作中的变形情况,使分析曲线的趋势与试验曲线保持一致。

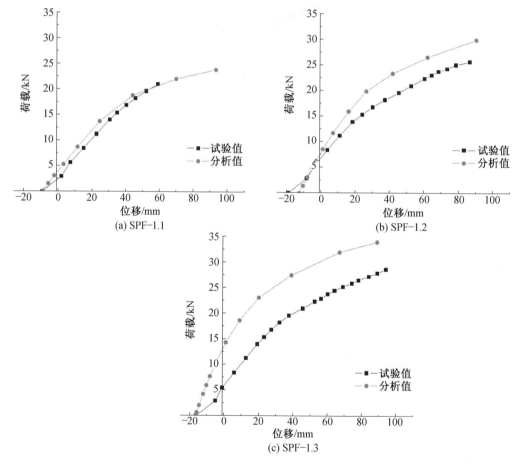

图 9.51　A 组荷载-挠度曲线对比图

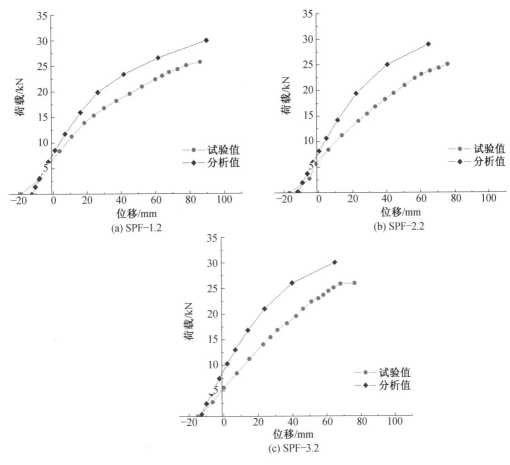

(a) SPF-1.2　　　(b) SPF-2.2

(c) SPF-3.2

图 9.52　B 组荷载-挠度曲线对比图

9.3.3　张弦力臂对梁受力的影响研究

由 9.3.2 节所得结论,ABAQUS 模型可以很好地模拟试验,为了扩大试验范围,采用相同的模型与本构关系,补充 SPF-1.0、SPF-1.4 的模型,以更好地体现张弦力臂对梁受力性能的影响,其参数见表 9.12。

A 组:端部锚固位置相同,张弦点位置不同,讨论张弦力臂对胶合木梁承载能力和变形能力的影响。

表 9.12　A 组试验梁情况表

梁编号	预应力大小/kN	钢丝数/个	端部钢筋至梁底距离/mm	张弦处钢筋至梁底距离/mm
SPF-1.0	3.8	2	10	50
SPF-1.1	3.8	2	10	90
SPF-1.2	3.8	2	10	130
SPF-1.3	3.8	2	10	170
SPF-1.4	3.8	2	10	210

图 9.53 给出了新建模型的构件装配图,通过控制施加预应力后钢丝的位置和钢丝中的应变值,反算出钢丝与螺杆的原长,以此保证张弦力臂的距离与施加预应力的大小。

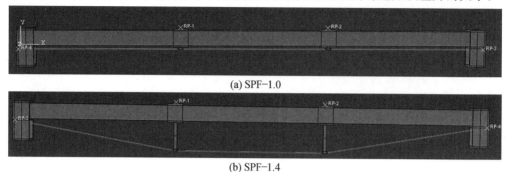

(a) SPF-1.0

(b) SPF-1.4

图 9.53　新建模型

通过从模型运行结果中提取梁底极限拉应变,得到与其值对应的荷载,此荷载即为有限元模型的极限荷载值。选取跨中梁底单元位移(X 轴)与三分点梁顶 RP 参考点上的集中力(Y 轴)为研究变量,绘制出 A 组梁的荷载－挠度曲线,得到张弦力臂对梁受力的影响(图 9.54)。

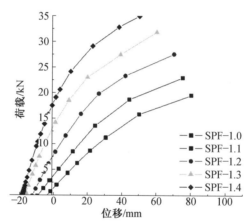

图 9.54　A 组有限元模型荷载－挠度曲线

由图 9.54 可得,施加相同的预应力时,随着张弦力臂的增加,其反拱值成正比增加。反拱值的增大虽不能提高梁的极限荷载,但是可以通过减少变形量,减缓裂缝开展,对梁极限强度的提高起到了间接作用。观察其荷载－挠度曲线走势可见,随着张弦力臂的增加,曲线的斜率增大速度较快,提高了胶合木梁的抗弯刚度,使其在承担较大荷载时,跨中挠度降低,减小了木节、斜纹的影响,提高了梁的极限荷载。

9.3.4　端力臂对梁受力的影响研究

为了扩大试验范围,采用相同的模型与本构关系,补充 SPF－0.2、SPF－4.2 的模型,更好地体现端力臂对梁受力性能的影响,其参数见表 9.13。

B 组:张弦点位置相同,端部锚固位置不同,讨论端力臂对胶合木梁承载能力和变形性能的影响。

表 9.13 B 组试验梁情况表

梁编号	预应力大小/kN	钢丝数/个	端部钢筋至梁底距离/mm	张弦处钢筋至梁底距离/mm
SPF－0.2	3.8	2	0	130
SPF－1.2	3.8	2	10	130
SPF－2.2	3.8	2	30	130
SPF－3.2	3.8	2	50	130
SPF－4.2	3.8	2	70	130

在进行 B 组试验建模时,因 SPF－4.2 需要使螺杆伸长至钢丝距梁底 130 mm 的位置,所以其钢丝应变值达到 480 MPa,又要保证此时端力臂为 70 mm,仅通过计算,无法实现该条件下的建模,因此这里在分析步中增设 Step－3,通过降温法补足钢丝应达到的应变值,保证预应力大小。构件装配图如图 9.55 所示。

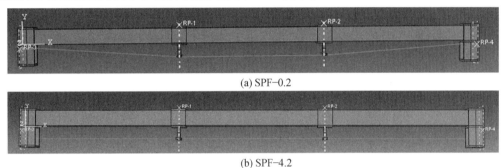

(a) SPF-0.2

(b) SPF-4.2

图 9.55 构件装配图

通过从模型运行结果中提取梁底极限拉应变,得到与其值对应的荷载,此荷载即为有限元模型的极限荷载值。选取跨中梁底单元位移(X 轴)与三分点梁顶 RP 参考点上的集中力(Y 轴)为研究变量,绘制出 B 组梁的荷载－挠度曲线,得到端力臂对梁受力的影响(图 9.56)。

由图 9.56 可得,施加相同的预应力时,随着端力臂的增大,其反拱值变化不大,各模型的荷载－挠度曲线较为相似。观察荷载－挠度曲线走势可见,随着端部力臂的增大,曲线斜率略有提高,即抗弯刚度小有增加,这与试验中所得荷载－挠度曲线的走势相吻合。

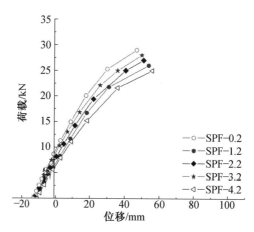

图 9.56　B组有限元模型荷载－挠度曲线

9.3.5　应力云图分析

　　为了更直观地反映出在相同荷载情况下各模型梁的应力变化情况,在模型分析运行之后,点选可视化模块中的工具选项,创建新的显示组 beam,得到在相同荷载时梁的应力状态,并加以比较。截取半梁作为展示对象,胶合木梁应力云图如图 9.57 所示。

　　由试验数据可知,除 SPF－1.3 之外,其余试验梁的最大承载力均在 28 kN 以下,故选取集中力为 28 kN 时胶合木梁的应力状态加以分析。由图 9.57(a)、(b)和(c)可得:A组试验梁中,在施加相同荷载时,随着张弦力臂增大,其最大拉压应力值会趋于变小。这是因为由于力臂的增大,梁在抵抗外部荷载产生的力偶时,钢丝所能贡献的弯矩值变大,木梁本身所承担的弯矩值变小,从这个方面来说,张弦力臂增加,也在间接地提高胶合木梁的刚度;B组试验梁中,在施加相同荷载时,随着端力臂增大,其最大拉压应力值趋于变小,但这种变化较小。与此同时,随着端力臂的增加,胶合木梁与铁靴接触的上下表面所产生的局部挤压现象愈发严重,导致端部梁底受到挤压、梁顶产生裂纹,图 9.31(c)也验证了此分析结果。

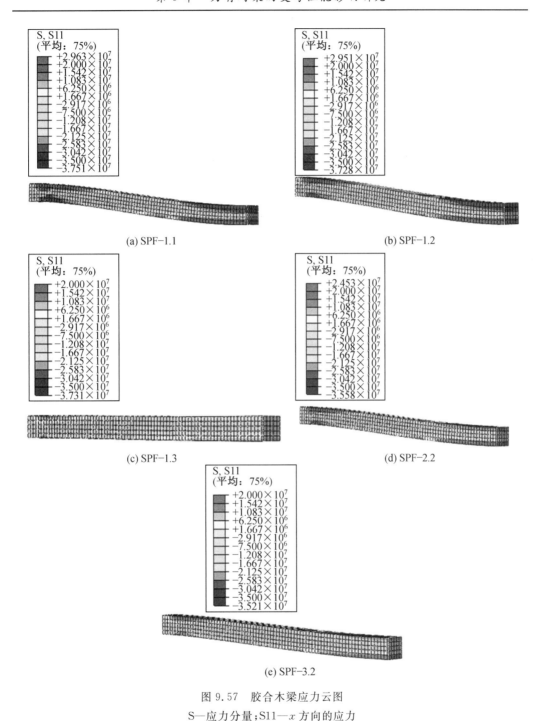

图 9.57 胶合木梁应力云图

S—应力分量;S11—x 方向的应力

9.3.6 设计中力臂取值建议

根据试验以及有限元模拟分析结果可得:端力臂不变,张弦力臂变大,胶合木梁刚度、承载能力及变形能力都有所提高;张弦力臂不变,端力臂变大,胶合木梁刚度、承载力及变形能力皆略有提高。但在实际情况中,端力臂过大,会造成梁端截面局压破坏,因此,在选择最宜力臂时,需要尽可能地增大张弦力臂,取适中端力臂。

就本试验而言,受到端部锚固装置"铁靴"及转向块处螺杆的影响,张弦力臂位置距梁底 170~210 mm,端力臂位置至梁底 30 mm 处为宜。这样既能保证张弦力臂有效增加胶合木梁的刚度,又可以防止因螺杆过长而导致的瞬间失稳破坏。

9.4 本章小结

(1)优化的"靴形"锚固装置,可对端部锚固处及张弦处的钢丝位置进行调节,实现了钢丝距梁位置的调控,实现了在相同预应力、相同钢丝数下,通过增大力臂提高梁承载力的目的。

(2)端部锚固钢丝位置一定、张弦力臂不同时,随着张弦力臂的增加,其承载力相比于采用优化前的试验梁分别提高了 30.65％、39.50％和 53.15％;梁的破坏形态也从脆性的梁底受拉破坏逐渐向具有延性的梁顶受压破坏过渡。

(3)张弦处钢丝位置一定、端力臂不同时,随着端力臂的增加,其承载力相比于采用优化前的试验梁分别提高了 39.50％、45.46％和 50.72％;梁的破坏形态虽没有明显变化,但受力更均匀,更能充分利用材料。

(4)试验梁的破坏截面满足平截面假定,通过力平衡、弯矩平衡及相似三角形原则,得到适合该试验的极限荷载公式,并且控制其计算误差在 10％以内,满足精确度要求。

参考文献

[1] 国家林业局.2007 年中国林业发展报告[M].北京:中国林业出版社,2007.

[2] 王进武.工程结构材概述[J].广东林业科技,1997,13(2):45-48.

[3] 刘利清.胶合木结构住宅发展现状[J].中国建材科技,2008(1):63-66.

[4] 王桂荣.我国现代木结构房屋现状及前景[J].木材加工机械,2009(2):35-36.

[5] 樊承谋,陈松来.木结构科技的新发展[J].哈尔滨工业大学学报,2004,36(6):812-814.

[6] 潘景龙,祝恩淳.木结构设计原理[M].北京:中国建筑工业出版社,2009.

[7] 何敏娟,陈俊岭,刘慧群.中国农村住宅现状及木结构的发展前景[J].建筑技术,2009,40(10):940-942.

[8] 龙卫国.中国木结构需要开展的研究工作[J].建筑结构,2010,40(9):159-161,186.

[9] JOSEF K. Multi-storey timber structure[M]. Switzerland:Birkhäuser Basel, 2008:188-200.

[10] SUI Yunkang, CHANG Jingya, YE Hongling. Numerical simulation of semi-rigid element in timber structure based on finite element method[M]. Shanghai:Computational Structural Engineering, 2009, 6:643-652.

[11] JOCHEN K, STAFFAN S. Probabilistic representation of duration of load effects in timber structures[J]. Engineering Structures, 2011,33(2):462-467.

[12] 赵越,杨春梅,齐英杰,等.新中国成立后木结构建筑的发展概况[J].林业机械与木工设备,2012(5):10-12.

[13] 侯桂深.现代木结构房屋的先进性及发展趋势分析[J].产业与科技论坛,2012(23):113-114.

[14] 蔡汉忠,甄小翠.湘西传统木建筑构造探析[J].森林工程,2012(6):94-95.

[15] 王毅红,蒋建飞,石坚,等.木结构房屋的抗震性能及保护措施[J].工程抗震与加固改造,2004(5):47-51.

[16] 益涵.浅析木结构房屋的应用和发展前景[J].城市开发,2004(16):58-60.

[17] BAGBANCL M B. Examination of the failures and determination of intervention methods for historical Ottoman traditional timber houses in the Cumalıkızık Village, Bursa – Turkey[J]. Engineering Failure Analysis,2013,35(15): 470-479.

[18] SORSAK M, LESKOVAR V Z, GORICANEC D, et al. Economical optimization of energy-efficient timber buildings:Case study for single family timber house in Slovenia[J]. Energy,2014,77(1):57-65.

[19] NAKAZONO M, YOSHIURA A, MIZUNUMA M, et al. Effect on thermal en-

vironment control of veranda with traditional timber house [J]. All Journal of Technology and Design,2011,17(36):573-576.

[20] NAKAZONO M, YOSHIURA A, SHIGA H, et al. Improvement of thermal environment in traditional timber house by insulation and floor heating with air conditioner [J]. All Journal of Technology and Design,2011,17(36):563-568.

[21] ITIE Y, NOMATA Y. Relationship between dynamic characteristic and diagnosis for contemporary timber houses [J]. All Journal of Technology and Design,2010, 16(32):129-132.

[22] CHE-ANI, ADI-IRFAN, AHMAD RAMLY, et al. Assessing the condition of traditional Khmer timber houses in Cambodia：A priority ranking approach[J]. Journal of Building Appraisal,2008,4(2):87-102.

[23] BAIDEN B K, BADU E, MENZ F S, et al. Exploring the barriers to the use and potential of timber for housing construction in Ghana[J]. Construction and Building Materials,2004,19(5):347-352.

[24] 郭薇.循环经济是解决污染的根本之路[J].再生资源研究,2001(1):2-3.

[25] 刘远彬.循环经济与 PCB 行业废弃物循环利用[J].城市环境与城市生态,2003,16(6):121-122.

[26] 王珊珊,孙芳利,段新芳,等.废弃木质材料的循环利用技术及我国未来的研究重点[J].西北林学院学报,2005,20(2):183-187.

[27] 叶克林.国内外城市废弃植物纤维材料的利用[J].世界林业研究,1996(2):50-55.

[28] 李坚.木材保护学[M].北京:科学出版社,2006.

[29] 曹伟.建筑材料的可持续发展及其实例分析[J].中外建筑,2001(2):25-27.

[30] American National Standard Institute. National Design Specification(NDS) for Wood Construction[S]. U.S.A. ANSL/AF& PANDS,1997.

[31] 中国建筑西南设计院.木结构设计手册[M].北京:中国建筑工业出版社,1993.

[32] 吴立龙.浅谈几种人造板的发展前景[J].建筑人造板,2000(2):8-10.

[33] SUN Qiang, LIN Peng. Wood structure of Aegiceras corniculatum and its ecological adaptations to salinities[J]. Hydrobiologia,1997,352(1):61-65.

[34] WANG Wenqi, CHRISTOPHER D EAMON. Load path uncertainty in a wood structure and the effect on structural reliability[J]. Engineering Structures,2013, 56:889-896.

[35] ZHI Yue. Traditional chinese wood structure joints with an experiment considering regional differences[J]. International Journal of Architectural Heritage,2014,8(2):224-246.

[36] NJANKOUO J M, DOTREPPE J C, FRANSSEN J M. Fire resistance of timbers from tropical countries and comparison of experimental charring rates with various models[J]. Construction and Building Materials,2005,19(5):376-386.

[37] RACHER P, LAPLANCHE K, DHIMA D, et al. Thermo-mechanical analysis of

the fire performance of dowelled timber connection[J]. Engineering Structures, 2010, 32(4):1148-1157.

[38] VAN DE LIND J W, PEI S, PRYOR S E. Construction and experimental seismic performance of a full-scale six-story light-frame wood building[J]. Procedia Engineering, 2011, 14:1599-1605.

[39] TARABIA A M, ITANI R Y. Static and dynamic modeling of light-frame wood buildings[J]. Computers and Structures, 1997, 63(2):319-334.

[40] AYOUB A. Seismic analysis of wood building structures[J]. Engineering Structures, 2006, 29(2):213-223.

[41] PEI S, VAN DE LIND J W. Seismic numerical modeling of a six-story light-frame wood building: Comparison with experiments[J]. Journal of Earthquake Engineering, 2011, 15(6):924-941.

[42] DARBY A, IBELL T, EVERNDEN M. Innovative use and characterization of polymers for timber-related construction[J]. Materials, 2010, 3(2):1104.

[43] HAKKINEN T, HAAPIO A. Principles of GHG emissions assessment of wooden building products[J]. International Journal of Sustainable Building Technology and Urban Development, 2013, 4(4):306-317.

[44] PEI Shiling, VAN DE LIND J W, STEPHEN H, et al. Variability in wood-frame building damage using broad-band synthetic ground motions: A comparative numerical study with recorded motions[J]. Journal of Earthquake Engineering, 2014, 18(3):389-406.

[45] ASIZ A, CHUI Y H, DOUDAK G, et al. Contribution of plasterboard finishes to structural performance of multi-storey light wood frame buildings[J]. Procedia Engineering, 2011, 14:1572-1581.

[46] MENSAH A F, DATIN P L, DAVID O, et al. Database-assisted design methodology to predict wind-induced structural behavior of a light-framed wood building [J]. Engineering Structures, 2010, 33(2):674-684.

[47] ZISIS I, STATHOPOULOS T. Wind load transfer mechanisms on a low wood building using full-scale load data[J]. Journal of Wind Engineering, Industrial Aerodynamics, 2012, 104-106:65-75.

[48] DODOO A, GUSTAVSSON L. Life cycle primary energy use and carbon footprint of wood-frame conventional and passive houses with biomass-based energy supply[J]. Applied Energy, 2013, 112:834-842.

[49] DATIN P L, PREVATT D O. Using instrumented small-scale models to study structural load paths in wood-framed buildings[J]. Engineering Structures, 2013, 54:47-56.

[50] 樊承谋. 木结构在我国的发展前景[J]. 建筑技术, 2003, 34(4):297-299.

[51] 郭伟, 费本华, 陈恩灵, 等. 我国木结构建筑行业发展现状分析[J]. 木材工业, 2009,

23(2):19-22.

[52] 刘杰,赵冬梅,田振昆.现代木结构建筑在上海[J].新建筑,2005,5:8-9.

[53] 朱光前.木材供需分析及预测[J].中国林业,2001,000(09x):28-29.

[54] 陈特安.加中林业合作潜力大[N].人民日报,2001-06-25.

[55] 无暇.欧美木房屋制造商逐鹿中国[OL].建筑网络世界,2002-04-05.

[56] 程强.木结构房屋在中国市场的进口现状及未来发展趋势[OL].中国木业网络,2002-05-07.

[57] 佚名.北美木结构住宅亮相申城[J].木材综合利用信息,2001(10):12.

[58] 费本华,王戈,任海青,等.我国发展木结构房屋的前景分析[J].木材工业,2002,16(5):6-9.

[59] 崔会旺.木结构浅析[J].木材加工机械,2007(5):46-48.

[60] 刘建萍.木制品新品种——胶合木[J].木材工业,1999,13(6):39-41.

[61] KENNEDY. Canadian woods: Their properties and uses [M]. Ottawa,Canada: King's Printer,1951.

[62] BUSTOS C, MOHAMMAD M, HERNANDEZ R E, et al. Effects of curing time and end-pressure on the tensile strength of finger-jointed black spruce lumber [J]. Forest Product Journal,2003,53(12):85-89.

[63] KUTSCHA N P, CASTER R W. Factors affecting the bond quality of hem-fir finger-joints [J]. Forest Product Journal,1987,37(4):43-48.

[64] HERNANDEZ R E, MOURA L F. Effects of knife jointing and wear onthe planed surface quality of northern red oak wood [J]. Wood Fiber Science,2002,34(4):54-552.

[65] 刘伟庆,杨会峰.工程木梁的受弯性能试验研究[J].建筑结构学报,2008,29(1):90-95.

[66] RIBEIRO A S, DE JESUS A M P, LIMA A M, et al. Study of strengthening solutions for glued-laminated wood beams of maritime pine wood[J]. Construction and Building Materials, 2009,23(8):2738-2745.

[67] 王锋,王增春,何艳丽,等.预应力纤维材料加固木梁研究[J].空间结构,2005,11(2):34-38.

[68] 宋彧,林厚秦,韩建平,等.预应力钢筋-木结构受力性能的试验研究[J].结构工程师,2003(1):54-60.

[69] 张济梅,潘景龙,董宏波.张弦木梁变形特性的试验研究[J].低温建筑技术,2006,2:49-51.

[70] FERRIER E, LABOSSIÈRE P, NEALE K W. Mechanical behavior of an innovative hybrid beam made of glulam and ultrahigh-performance concrete reinforced with FRP or steel[J]. Journal of Composites for Construction,2010(14):217-228.

[71] FERRIER E, LABOSSIÈRE P, NEALE K W. Modelling the bending behaviour of a new hybrid glulam beam reinforced with FRP and ultra-high-performance con-

crete[J]. Applied Mathematical Modelling,2012,36(8):3883-3902.

[72] FAVA G, CARVELLI V, POGGI C. Pull-out strength of glued-in FRP plates bonded in glulam[J]. Construction and Building Materials,2013,43(2):362-371.

[73] MANALO A C, ARAVINTHAN T, KARUNASENA W. Flexural behaviour of glue-laminated fibre composite sandwich beams[J]. Composite Structures, 2010, 92(11):2703-2711.

[74] ISSA C A, KMEID Z. Advanced wood engineering: Glulam beams[J]. Original Research Article Construction and Building Materials, 2005,19(2):99-106.

[75] KHORSANDNIA N, VALIPOUR H, FOSTER S, et al. A force-based framefinite element formulation for analysis of two- and three-layered composite beams with material non-linearity[J]. International Journal of Non-Linear Mechanics, 2014,62:12 – 22.

[76] CHENG Fangchao, HU Yingcheng. Nondestructive test and prediction of MOE of FRP reinforced fast-growing poplar glulam[J]. Composites Science and Technology,2011,71(2):1163-1170.

[77] TORATTI T, SCHNABL S, TURK G. Reliability analysis of a glulam beam[J]. Structural Safety,2006,29:279-293.

[78] 张济梅,潘景龙.ANSYS 分析张弦木梁的变形性能[J].低温建筑技术,2008,4:70-71

[79] 张济梅,潘景龙,董宏波.张弦木梁预应力损失初步探讨[J].低温建筑技术,2007,1:73-75.

[80] DE LUCA V, MARANO C. Prestressed glulam timbers reinforced with steel bars [J]. Construction and Building Materials,2012,30(5):206-217.

[81] 狄生奎,宋蛟,宋彧.预应力木结构受力特性初步探讨[J].工程力学,1999,2(S):454-457.

[82] 狄生奎,韩建平,宋彧.集中荷载作用下预应力木梁的设计与计算[J].工程力学,2000(S):248-251.

[83] 王增春,南建林,王锋.CFRP 增强木梁的预应力施工方法[J].施工技术,2006,35(10):73-75.

[84] 王增春,南建林,王锋.CFRP 增强预弯木梁抗弯承载力计算方法[J].建筑科学,2007,23(9):7-11.

[85] GUAN Z W, RODD P D, POPE D J. Study of glulam beams pre-stressed with pultruded GRP[J]. Original Research Article, Computers & Structures, 2005,83(28-30):2476-2487.

[86] ANSHARI B, GUAN Z W, KITAMORI A, et al. Structural behaviour of glued laminated timber beams pre-stressed by compressed wood[J]. Construction and Building Materials,2012,29(4):24-32.

[87] MCCONNELL E, MCPOLIN D, TAYLOR S. Post-tensioning of glulam timber

with steel tendons[J]. Construction and Building Materials,2014,73:426-433.

[88] 林诚,杨会峰,刘伟庆,等.预应力胶合木梁的受弯性能试验研究[J].结构工程师,2014,30(1):160-164.

[89] Annual Book of ASTM Standards 2005, Section Four, Construction, Volume 04.10, Wood[M]. Baltimore, U. S. A. ,2005:730-740.

[90] SOBIR H, MENZEMER C C, SRIVATSAN T S. An investigation and understanding of the mechanical response of Palmyrah timber[J]. Materials Science and Engineering A, 2003, 35(4):257-269.

[91] BRANDT C W, FRIDLEY K J. Load-duration behavior of wood-plastic composites[J]. Journal of Materials in Civil Engineering, 2003,15(6):524-536.

[92] BENGTSSON, CHARLOTTE. Creep of timber in difference loading modes-material property aspects[C]. Whister: 6th World Conference on Timber Engineering (WCTE2000), Canada, 2000.

[93] SANTAOJA K, LEINO T, ALPO R M, et al. Mechano-sorptive structural analysis of wood by the ABAQUS finite element program[M]. Technical Research Center of Finland, Research Notes,1991.

[94] HOFFMEYER P. Strength under long-term loading[J]. Timber Engineering, 2003:131-149.

[95] WOOD L W. Behaviour of wood under continued loading[M]. Wisconsin, USA: US Department of Agriculture, Forest Service,1947.

[96] HUNT D. The prediction of long-time viscoelastic creep from short data[J]. Wood Sci Technol. 2004,38:379-492.

[97] AIPO R M. Creep of timber during eight years in natural environments[C]// World Conference on Timber Engineering, 2000.

[98] YAZDANI N, ASCE F, JOHNSON E, et al. Creep effect in structural composite lumber for bridge applications[J]. Journal of Bridge Engineering, 2004,9(1):87-94.

[99] WANG Xueliang, QU Weilian. Long-term cumulative damage model of historical timber member under varying hygrothermal environment[J]. Wuhan University Journal of Natural Sciences, 2009, 14(5):430-436.

[100] YAHYAEI-MOAYYED M, TAHERI F. Creep response of glued-laminated beam reinforced with pre-stressed sub-laminated composite[J]. Construction and Building Materials, 2011, 25(5):2495-2506.

[101] YAHYAEI-MOAYYED M, TAHERI F. Experimental and computational investigations into creep response of AFRP reinforced timber beams[J]. Composite Structures, 2011,93(2):616-628.

[102] 陆伟东,宋二玮,岳孔,等.FRP板增强胶合木梁蠕变性能试验研究[J].建筑材料学报,2013,16(2):294-297.

[103] 宋二玮,陆伟东,岳孔.FRP 增强胶合木梁弯曲蠕变性能研究[J].建筑结构,2011,41(S2):463-465.

[104] 尹飞鸿.有限元法基本原理及应用[M].北京:高等教育出版社,2010.

[105] 庄茁,由小川,廖剑晖,等.基于 ABAQUS 的有限元分析和应用[M].北京:清华大学出版社,2009.

[106] 周华樟,祝恩淳,周广春.胶合木曲梁横纹应力及开裂研究[J].建筑材料学报,2013,16(5):913-918.

[107] 刘杏杏,陆伟东,郑维.胶合木框架-剪力墙结构抗侧力性能有限元分析[J].结构工程师,2012,28(5):46-51.

[108] 王倩.落叶松胶合木柱力学性能试验研究[D].湖南:中南林业科技大学,2013.

[109] 马佳.预应力积成材的承载能力研究[D].北京:北京交通大学,2011.

[110] 陆光闾,秦永欣,李凤琴,等.高强钢丝松弛试验研究及对松弛应力损失计算的建议[J].铁道学报,1988,10(2):96-104.

[111] 徐咏兰,华毓坤.不同结构杨木单板层积材的蠕变和抗弯性能[J].木材工业,2002,16(6):10-12.

[112] 杨挺青,张晓春,刚芹果.黏弹性薄板蠕变屈曲的载荷-时间特性研究[J].力学学报,2000,32(3):319-325.

[113] 吕斌,付跃进,虞华强.结构胶合木板蠕变测试方法的研究[J].木材工业,2004,18(4):16-19.

[114] 周华樟.旋切板胶合木的蠕变及其对结构稳定性的影响[D].哈尔滨:哈尔滨工业大学,2009.

[115] 邓彪,罗迎社,李贤军.荷载、含水率及温度对桉树木材抗弯蠕变性能的影响[J].中南林业科技大学学报,2013,33(5):124-131.

[116] 陈旭.胶合木梁中温度与湿度应力的研究[D].哈尔滨:哈尔滨工业大学,2008.

名词索引

B

G

刚度 1.2　1.3　4.2　5.2　5.4　5.6　6.1　6.4　6.5　6.6　7.1　7.2　7.3
　8.1　8.2　8.3　9.2
钢丝松弛 6.2
各向同性弹塑性本构模型 5.1
各向异性 3.2　5.1　5.2
各向异性弹塑性本构 5.1
各向异性弹性本构模型 5.1

H

荷载－变形曲线 1.2　2.6
荷载持续效应 7.1

J

极限荷载 1.2　1.3　2.5　3.2　3.3　4.2　6.6　7.1　7.2　7.3　8.1　8.2　8.3
　9.2
加载方式 1.2　7.1　8.1　8.2　8.3　8.4　9.2
加载时间 6.1
剪切破坏模式　2.4
简支钢木组合梁 9.2
胶合木结构 1.1　3.2
胶合木棱柱体试块 1.3　2.1　2.2　2.4　2.5　4.1
静态应变仪 6.1　6.2
局压 1.2　1.3　2.1　2.4　2.5　2.6　3.1　6.1　9.2

K

抗拉件 8.2
抗弯性能 1.2　3.3　3.4

L

力臂 7.2　9.1　9.2　9.3
两点张弦 8.1　8.2　8.3　8.4　9.2

W

位移计 2.3　2.5　3.2　4.2　6.1　7.1　8.1　9.2

X

新型材料加强胶合木 1.2
"靴形"锚固装置 9.2

Y

延性 1.2　2.5　2.6　3.1　4.2　7.2　7.2　8.1　8.2　8.3　9.2　9.3
应变片 3.2　4.2　6.1　7.1　8.1　8.2　9.2　9.3
应力重分布 7.2　9.2　9.3
有限元分析 1.2　1.3　4.2　5.3　5.4　5.6
预加力数值大小 1.3　4.2　6.1
预应力钢筋数量 4.2　6.1
预应力钢丝应力变化规律　6.1　6.2
预应力胶合木张弦梁 1.2　1.3　2.1　3.1　3.2　3.3　3.4　4.1　4.2　5.2　5.3　5.4　5.6　6.1　6.2　6.3　6.4　6.5　6.6　7.1　7.2　7.3　8.1　8.2　8.3
预应力损失 1.2　5.6　6.3
预应力调控 1.3　7.1　7.2　7.3

Z

张弦点 8.2　8.4　9.2
逐级加荷 7.1
组坯方式 1.2　1.3　2.1　2.2　2.4　2.5　2.6　3.2　3.3